Tafeln

zum

Bestimmen der Mineralien
auf chemischem Wege, besonders vor dem Lötrohr

von

Dr. Alfons Lehner

Berlin und Leipzig 1921
Vereinigung wissenschaftlicher Verleger
Walter de Gruyter & Co.
vormals G. J. Göschen'sche Verlagshandlung :: J. Guttentag, Verlagsbuchhandlung :: Georg Reimer :: Karl J. Trübner :: Veit & Comp.

Druck von Metzger & Wittig in Leipzig.

Übersicht.

Einleitung.

Die Bestimmung von Mineralien kann nach zwei wesentlich verschiedenen Methoden erfolgen.

I. Im einen Falle werden vorwiegend „äußere Kennzeichen" benutzt, um aus ihnen auf die chemische Zusammensetzung des zu untersuchenden Körpers zu schließen. Solche mit bloßem Auge oder einfachen Hilfsmitteln wahrnehmbaren Eigenschaften erfordern aber zu ihrer Feststellung im allgemeinen bessere Stücke des Minerals; denn nur an deutlichen Kristallen oder grobkristallinen Aggregaten, ev. ganzen Stufen lassen sich Glanz, Farbe, Strich, Härte, Spaltbarkeit, Syngonie, Habitus, Zwillings-, Aggregatbildung, Umwandlung, Begleitmineralien und Vorkommen leicht und sicher bestimmen. Unter dieser Voraussetzung führt aber diese Methode bei einiger Erfahrung am bequemsten und schnellsten zum Ziele.

II. Der andere Weg dagegen ist in allen Fällen gangbar, auch wenn nur geringe Mengen von Substanz, derbe Stückchen oder Pulver zur Verfügung stehen. Für diese Art der Untersuchung gibt es nun dreierlei Verfahren, von denen jedes für sich allein bei hinreichender Übung die Bestimmung eines Minerals ermöglicht.

a) Die qualitative chemische Analyse arbeitet auf nassem Wege, indem sie die Probe (mittels Wasser, Säuren, Alkalien) in Lösung bringt, daraus durch bestimmte Reagentien zunächst die sich gruppenweise ähnlich verhaltenden Elemente ausfällt und schließlich nach weiterer Trennung mit Hilfe bezeichnender Einzelreaktionen jeden Grundstoff erkennt. Diese analytische Methode ist zwar die sicherste und genaueste, erfordert aber zu ihrer systematischen Durchführung längere Zeit und zahlreiche Hilfsmittel (Apparate, Reagentien u. a.), so daß sie nur in chemischen Laboratorien angewandt werden kann.

b) Ein anderes Verfahren sucht die Zusammensetzung eines Minerals vor allem auf trockenem Wege zu ermitteln und bedient sich hierzu des Lötrohrs. Eine Prüfung der festen Substanz durch Erhitzen für sich auf Kohle, im Glühkölbchen, im Röstrohr, auf Schmelzbarkeit, Flüchtigkeit, Geruch, Rauch, Beschlag, Flammenfärbung, durch Zusammenschmelzen mit Soda, Borax, Phosphorsalz u. a. gibt hinreichende Anhaltspunkte zur Erkennung der verschiedenen Elemente. Seit über 100 Jahren in Gebrauch und zu großer Vollkommenheit ausgebaut, zeichnet sich die Lötrohrmethode durch ihre Einfachheit aus; die hierzu benötigten wenigen Instrumente und Reagentien sind in jedem Klima gebrauchsfähig und lassen sich bequem in einem kleinen Handkofferchen unterbringen. Deshalb ist diese Einrichtung für Erzsucher und Forschungsreisende in unbewohnten Gegenden von besonderem Vorteil; aber auch in den Kulturländern bedienen sich Mineralogen und Bergleute mit Vorliebe dieses Verfahrens, so daß es neben demjenigen „mittels äußerer Kennzeichen" als das verbreitetste gelten kann.

c) Seit einigen Jahrzehnten kommt schließlich auch noch eine sogenannte **mikrochemische Analyse** in Betracht. Man sucht aus Lösungen der Substanz mit Hilfe geeigneter Reagentien möglichst gut kristallisierte und für jedes Element charakteristische Niederschläge herzustellen, die unter dem **Polarisationsmikroskop** auf geometrische Umrisse und optische Eigenschaften (Anisotropie, Pleochroismus, Lichtbrechung, Doppelbrechung usw.) untersucht werden. Dieses Verfahren (eine Kombination von II a mit I) eignet sich besonders zur Bestimmung anorganischer Stoffe, wie es die Mineralien fast ausschließlich sind, zumal es selbst an kleinsten Mengen ausführbar ist. Doch ist die Methode äußerst empfindlich, verlangt unbedingt reine Reagentien und wird daher trotz ihrer eleganten Handhabung meist nur ergänzungsweise angewandt.

Die chemischen Verfahren (II a, b, c) versagen nur bei Unterscheidung **polymorpher** Substanzen, welche in der Natur häufig vorkommen (z. B. Rutil-Anatas-Brookit, Aragonit-Calcit u. a m.); in diesem Falle müssen dann geometrisch-physikalische Eigenschaften zu Hilfe genommen werden. Auch bei den meisten **Silikaten**, welche für die Analyse erst eine „Aufschließung" erfordern, führt die erste Methode (I) rascher zum Ziele. In vielen Fällen werden am besten zwei Verfahren zugleich angewandt; liegen gute, wenn auch kleine Kristalle vor, so wird man diese stets zuerst nach ihren „äußeren" Merkmalen prüfen; läßt sich damit die Mineralart noch nicht eindeutig bestimmen, so werden einige chemische Versuche (nach II a, b oder c) leicht die Entscheidung bringen. Es wird übrigens, abgesehen von der Beschaffenheit des zu untersuchenden Körpers, von der Vorbildung und Erfahrung des einzelnen abhängen, ob er mehr einer kristallographischen (I und II c) oder chemischen (II a, b) Methode den Vorzug gibt.

Bei jeder Bestimmung von Mineralien nach Tafeln erweist sich eine Gliederung in **zwei Hauptabteilungen**, eine kleinere für Arten mit, eine größere ohne Metallglanz, als natürlich und zweckmäßig. Innerhalb dieser beiden Ordnungen erfolgt dann in nachstehendem Schlüssel die weitere Unterscheidung zunächst nach dem Säurebestandteil (z. B. Arsenide, Arsenate), und zwar unter Berücksichtigung der Häufigkeit ihrer Vertreter in der Reihenfolge der leichten Bestimmbarkeit vor dem Lötrohr. Die sich auf diese Weise ergebenden Familien entsprechen den Klassen des chemischen Mineralsystems (von Rose, Dana, Groth). Der basische Gemengteil (z. B. Kupfer, Zink) entscheidet fernerhin, welcher Gruppe das Mineral angehört, wobei die Reihenfolge ebenfalls nach der leichten Bestimmbarkeit gewählt ist. Außer Säure und Base gibt der Gehalt an Kristall- (oder auch Konstitutions-) wasser ein weiteres Mittel zur Unterscheidung an die Hand. Was die mitgeteilten Formeln betrifft, so geben sie nur die ideale chemische Zusammensetzung an; in Wirklichkeit enthalten die Mineralien stets mehr oder weniger „isomorphe" (oft auch zufällige mechanische) Beimengungen von Elementen, welche sich entsprechend ihrer Wertigkeit (Valenz) gegenseitig vertreten.[1]) Bei der chemischen Prüfung läßt sich aus der Stärke der Reaktion leicht abschätzen, was Haupt- oder Nebenbestandteil ist.

Die in Tafel II hinsichtlich ihres Lötrohrverhaltens etwas ausführlicher behandelten Mineralien stellen nur Beispiele dar; auf Grund der angegebenen Formeln und mit Hilfe der Tafel I, welche die Reaktionen der Elemente a) auf nassem Wege, b) vor dem Lötrohr, c) mikrochemisch enthält, kann man nach einiger Übung auch seltenere Mineralien chemisch bestimmen. Die Wichtigkeit und Häufigkeit der Arten ist durch dreierlei Druck angedeutet.

Bezüglich Handhabung der vier möglichen Verfahren sei auf die zahlreiche Literatur verwiesen.

---

[1]) Einwertig: Na, K, Li, Rb, Cs (NH_4); Ag, Pb, Tl, Hg, Cu, Au; Cl, Br, J, F, (OH);

Zweiwertig: Ca, Sr, Ba, Mg, Be; Zn, Cd, Pb, Hg, Cu; Fe, Mn, Ni, Co, Cr; O, S, Se, Te; As, Sb, Bi;

Dreiwertig: B, Al, Sc, Y, La, Yb, Ga, Jn; Cr, Mn, Fe, Co, Ni; As, Sb, Bi;

Vierwertig: C; Si, Ti, Zr; Ce, Th; Ge, Sn; Pt, Ir, Os, Ru, Rh, Pd; Fe, Cr, Mn, Pb.

Fünfwertig: N; P, As, Sb, Bi; Vd, Nb, Ta;

Sechswertig: Mn, Cr; S, Se, Te; Mo, Wo, Ur.

Die sich je nach dem Vorkommen isomorph vertretenden Elemente werden in (runde) Klammern gesetzt, z. B. $(Ca, Mg)CO_3$.

Literatur.

Bestimmungsbücher:

Kobell, Fr.—Oebbeke, K., Tafeln zur Bestimmung der Mineralien. 17. Aufl. München 1921.

Fuchs, C. W.—Brauns, R., Anleitung zum Bestimmen der Mineralien. 6. Aufl. Gießen 1913.

Weisbach, A.—Kolbeck, F., Tabellen zur Bestimmung der Mineralien. 10. Aufl. Leipzig 1917.

Lehner, A., Tafeln zum Bestimmen der Mineralien mittels äußerer Kennzeichen. Berlin u. Leipzig 1921.

Grubenmann, U., Tabellen zum Bestimmen der Mineralien. 3. Aufl. Zürich 1917.

Plattner, K. Fr.—Kolbeck, Fr., Probierkunst mit dem Lötrohr. 7. Aufl. Leipzig 1907.

Henglein, M., Lötrohrprobierkunde. Sammlung Göschen Nr. 483.

Außerdem zahlreiche andere „Probierbücher" (ohne Schlüssel für die Mineralbestimmung!).

Lehrbücher der Mineralogie von Naumann-Zirkel, Klockmann, Tschermak-Becke, Bauer, Kobell, Baumhauer, Brauns (Sammlung Göschen Nr. 29).

Nachschlagewerke von Hintze, Doelter, Groth, Brendler, Dana.

Analytische Chemie: Pechmann, Medicus, Biltz, Will, Schmidt, Böttger, Treadwell, Menschutkin, Autenrieth, Fresenius, Classen, Hoppe (Sammlung Göschen Nr. 247/248) u. a. m.

Mikrochemie:

Behrens-Kley, Mikrochemische Analyse. 2 Bde. Leipzig u. Hamburg 1915.

Emich, Lehrbuch der Mikrochemie u. a.

Abkürzungen: l. l. = leicht löslich, unl. = unlöslich, i. Ü. = im Überschuß, verd. = verdünnt, konz. = konzentriert, K. W. = Königswasser ($HCl \times HNO_3$), v. d. L. = vor dem Lötrohr, im K. = im Schmelzkölbchen, im off. R. = im (beiderseits) offenen Röstrohr, O. Fl. = Oxydations-, Red. Fl. = Reduktionsflamme, Kr. = Kristalle.

Tafel I.

Reaktionen der Elemente.

Aluminium: a) Alkalien (KOH, NaOH) erzeugen in Lösungen gallertige Fällung [$Al(OH)_3$], l. l. i. Ü. [$Al(OK)_3$]; Ammoniak fällt ebenso, unl. in großem Überschuß von Ammonsalz z. B. NH_4Cl; auch Ammonkarbonat, unl. i. Ü. Alkaliammonphosphat fällt gallertiges $AlPO_4$, unl. in Essigsäure. b) Tonerde gibt mit Kobaltnitratlösung befeuchtet und geglüht eine unschmelzbare matte Masse (Thenards Blau). c) In schwefelsaurer Lösung gibt CsCl (oder in Al-Chloridlösung $CsHSO_4$) farblose reguläre Kristalle von Alaun $Cs_2SO_4 \cdot Al_2(SO_4)_3 \cdot 24\,H_2O$ (ebenso Kalisalze). Mit Ammonfluorid farblose Oktaeder von $(NH_4)_3AlF_6$. — Frisch gefälltes $Al(OH)_3$ (Gallerte!) färbt sich mit wässeriger Kongorotlösung blutrot und widersteht stundenlangem Auswässern.

Ammonium: a) Lösungen mit Alkalien [KOH, $Ca(OH)_2$] erwärmt geben Geruch von Ammoniak NH_3, welches mit HCl-Dampf dicke weiße Nebel (NH_4Cl) bildet, Curcumapapier bräunt, Merkuronitratpapier schwärzt. Mit Neßlers Reagens (HgJ_3K) in Spuren Gelbfärbung, bei größeren Mengen braune Fällung (Hg_2ONH_2J). b) Beim Erhitzen mit Soda im Kölbchen starker Geruch von NH_3, welches rotes Lackmuspapier blau färbt und mit HCl raucht. c) Mit NaOH ausgetriebenes NH_3 gibt mit Platinchloridlösung gelbe Oktaeder $(NH_4)_2PtCl_6$; alkalische Lösung von $HgCl_2$ gibt mit Ammonsalz weißes $HgNH_2Cl$. Mit wenig Magnesiumacetat, Natriumphosphat und Soda (ev. NaOH) erhält man rhombisch hemimorphe Kristalle von $NH_4MgPO_4 \cdot 6\,H_2O$.

Antimon: a) Zink reduziert Antimonlösung, wobei sich an Platinblech sammetschwarzes Sb ausscheidet; mit naszierendem Wasserstoff SbH_3, der sich beim Erhitzen zersetzt (Antimonspiegel) und mit Silbernitrat schwarzes $SbAg_3$ gibt. H_2S fällt aus schwach sauren Lösungen orangerotes Sb_2S_3 (bzw. Sb_2S_5), löslich in Alkalien. b) v. d. L. auf Kohle für sich oder mit Soda starker weißer Beschlag (Sb_2O_3) (oft mit blauweißem Saum), der mit Schwefelammon orangerot wird. Meist auch dicker weißer Rauch. Schwach grünlichblaue Flammenfärbung. Im Kölbchen weißes Sublimat, bei Gegenwart von Schwefel kirschrotes Sb_2S_2O. c) Mit CsCl farblose Blättchen ($Cs_2SbCl_5 \cdot 2\frac{1}{2}\,H_2O$), bei Zusatz von KJ orangefarbene Kristalle ($Cs_2SbJ_5 \cdot 2\frac{1}{2}\,H_2O$); nach Umwandlung in Antimoniat (mittels K.W. oder $KClO_3$) mit NaCl farblose tetragonale Prismen von $Na_2H_2Sb_2O_7 \cdot 6\,H_2O$. Mit $BaCl_2$ und Kaliumtartrat in essigsaurer Lösung rhombische Tafeln von Bariumantimonyltartrat.

Arsen: a) In stark salzsaurer Lösung mit H_2S gelbes flockiges As_2S_3 bzw. As_2S_5, löslich in Alkalien. Mit Ammonmolybdat in salpetersaurer Lösung beim Kochen gelbes kristallines Ammonarsenmolybdat, löslich in Alkalien und Ammoniak. Mit naszierendem Wasserstoff (Zn und

H_2SO_4) AsH_3, der beim Erhitzen Arsenspiegel gibt, Silbernitratkristall zuerst gelb, dann schwarz, Merkurichloridpapier gelb bis rotbraun [$As(HgCl)_3$] färbt. b) Mit Soda oder KCN auf Kohle knoblauchartiger Arsengeruch; im Kölbchen Arsenspiegel, löslich in Natriumhypochlorit. Fahlblaue Flammenfärbung; im off. R. leicht flüchtiges As_2O_3. Arsenbeschlag gibt mit Silbernitrat befeuchtet und mit Ammoniak angehaucht eigelbes $As(OAg)_3$. c) Durch Sublimation oder aus Lösungen scharfe Oktaeder von As_2O_3. In salzsaurer As_2O_3-Lösung gibt NaJ beim Erwärmen gelbe hexagonale Blättchen und Stäbchen von AsJ_3. Nach Oxydation zu Arsensäure (mit HNO_3, K.W. oder HCl × $KClO_3$) mit Chlormagnesium, Salmiak und Ammoniak rhombisch hemimorphe Kristalle von $NH_4MgAsO_4 \cdot 6\,H_2O$; in salpeters. Lösung mit Ammonmolybdat gelbes $NH_4AsO_4 \cdot 10\,MoO_3 \cdot 3\,H_2O$.

Barium: a) Mit Schwefelsäure (oder Alkalisulfaten) weißer Niederschlag ($BaSO_4$), unl. in Säuren und Alkalien; mit Alkalichromatlösung gelbes $BaCrO_4$, fast unl. in Essigsäure; mit H_2SiF_6 weißer, in Alkohol und verd. Säuren unl. Niederschlag ($BaSiF_6$). b) Gelbgrüne Flammenfärbung, besonders nach Befeuchten mit HCl; v. d. L. auf Kohle weißes, leuchtendes unschmelzbares BaO, mit Soda geschmolzen in die Kohle gehend. c) Mit Kaliumbichromat und Na-Acetat hellgelbe Rechtecke ($BaCrO_4$); mit Ammonfluorsilikat aus schwach sauren Lösungen Stäbchen von $BaSiF_6$; mit Ferrocyankalium in verd. neutralen Lösungen hellgelbliche Rhomboeder von $Fe(CN)_6BaK_2 \cdot 3\,H_2O$.

Beryllium: a) Ammoniak fällt weißes $Be(OH)_2$, unl. i. Ü., KOH gallertartiges Hydroxyd, löslich i. Ü. [$Be(OK)_2$], Ammonkarbonat weißes $BeCO_3$, l. l. i. Ü. b) Mit Kobaltnitratlösung graue Masse. c) In konz. Lösungen, welche frei von Ammonsalzen und neutral oder schwach essigsauer, erzeugt Kaliumoxalat dicke, stark lichtbrechende Kristalle von $K_2Be(C_2O_4)_2$. Uranylacetat gibt (mit etwas Na-Acetat) blaßgelbe rhomboedrische Kristalle von Na—Be-Uranylacetat.

Blei: a) Natriumphosphat fällt weißes $Pb_3(PO_4)_2$, unl. in Essigsäure; HCl oder Alkalichloride erzeugen flockiges, weißes $PbCl_2$, löslich in heißem Wasser; JK gibt gelbes PbJ_2, in kochendem Wasser farblos löslich. Mit Alkalichromaten gelbes, in Essigsäure unl. $PbCrO_4$; H_2S scheidet aus schwach sauren oder alkalischen Lösungen schwarzes PbS ab, H_2SO_4 weißes $PbSO_4$. b) Fahlblaue Flammenfärbung; v. d. L. auf Kohle gelber PbO-Beschlag, oft mit (blau-)weißem Saum von $PbCO_3$. Mit Soda sehr weiches Bleikorn. Mit Sb eidottergelber Bleiantimoniat-, mit JK kanariengelber PbJ_2-Beschlag. c) In schwach essigsaurer Lösung mit wenig Cu-Acetat und reichlich KNO_3 würfelförmige, dunkelbraune bis schwarze Kr. von $K_2PbCu(NO_2)_6$, die durch Ammoniak entfärbt werden. Mit HNO_3 farblose, stark lichtbrechende Oktaeder von $Pb(NO_3)_2$. Ev. Nachweis als $PbCl_2$, PbJ_2, $PbCrO_4$, $PbSO_4$, $PbCO_3$.

Bor: a) Curcumapapier, mit wässeriger oder schwefels. Borlösung getränkt, färbt sich beim Trocknen braun; mit KOH befeuchtet, wird es blauschwarz bis violett. Borate im Porzellantiegel mit (Methyl-)Alkohol und konz. H_2SO_4 umgerührt und angezündet, zeigen grünen Saum von $B(OCH_3)_3$. b) Borate färben die Flamme zeisiggrün, besonders nach Befeuchten mit H_2SO_4 oder Zusammenschmelzen mit $KHSO_4$ und CaF_2 (Gips und Flußspat). c) Lösung in HF (oder HCl × NH_4F) gibt mit KCl oder KNO_3 farblose rhombische Kr. von KBF_4.

Brom: a) Mit konz. H_2SO_4 entwickeln Bromsalze stechend riechenden, an feuchter Luft nebelbildenden BrH (ev. gelbbraune Dämpfe von Br); Chlorwasser scheidet Br aus, löslich in Schwefelkohlenstoff oder Chloroform mit brauner Farbe. Silbernitrat fällt gelbes käsiges AgBr, löslich in NH_3, CNK, $Na_2S_2O_3$, unl. in HNO_3. b) Durch Schmelzen mit $KHSO_4$ wird Brom ausgetrieben, dessen rotbraune Dämpfe Stärkepapier gelb bis orange färben; mit Kupferoxyd blaugrüne Flammenfärbung. c) Mit Platinisulfat und Kaliumsulfat orangerote Oktaeder von K_2PtBr_6; mit Goldchlorid und Thallonitrat dicke orangerote, stark dichroitische Prismen von $TlAuBr_4$. Mit Silbernitrat scharfe reguläre Kristalle von AgBr; TlBr würfelförmig wie NaCl.

Cadmium: a) KOH fällt weißes amorphes $Cd(OH)_2$, unl. i. Ü., CNK weißes $Cd(CN)_2$, l. l. i. Ü.; H_2S erzeugt hellgelbes, oranges bis fast braunes CdS, ebenso Schwefelammon aus alkalischer Lösung. b) Auf Kohle für sich oder mit Soda brauner CdO-Beschlag, am Rande oft bunt angelaufen, der, mit Silbernitratlösung betupft, blauschwarz wird. c) In neutralen Lösungen gibt Oxalsäure farblose, monokline Rauten von $CdC_2O_4 \cdot 3\,H_2O$; in Cd-Nitrat- oder -Chloridlösungen erzeugt RbCl (oder CsCl) stark lichtbrechende Rhomboeder von Rb_4CdCl_6. Mit Ammonmerkurithiocyanat in schwach essigsaurer Lösung scharfe hemimorphe Kr. von $CdHg(CNS)_4$.

Caesium: a) Mit H_2PtCl_6 gelbe kristalline Fällung von Cs_2PtCl_6, heller und viel schwerer löslich als das Kalisalz. Weinsäure fällt weißes CsH $\cdot C_4H_4O_6$ (K und Rb ebenso); H_2SnCl_6 gibt weiße Fällung von Cs_2SnCl_6 (NH_4 ebenso, K und Rb nicht). b) Flammenfärbung violett rosa (ähnlich Kalium). c) Mit Platinchlorid lichtgelbe scharfe Oktaeder; mit Stannichlorid in salzsaurer Lösung ebenfalls Oktaeder, aber farblos (Cs_2SnCl_6). Mit Sb- oder Bi-Chlorid und Alkalijodid in stark saurer Lösung orangerotes Cs-Jodostibit bzw. zinnoberrotes Cs-Jodobismutit, beide rhombischpseudohexagonal. Mit Ammonmolybdat, Wasserglas und Salpetersäure (ev. Zusatz von Ammonnitrat) gelbe Körner von $Cs_4SiO_4 \cdot 12\,MoO_3 \cdot n\,H_2O$.

Calcium: a) Ammonoxalat gibt in neutralen oder alkalischen Lösungen Niederschlag von $Ca(COO)_2$, unl. in Essigsäure. In konz. Lösungen erzeugt H_2SO_4 Fällung von $CaSO_4$, aus verd. wässerigen mit Alkohol. b) Flammenfärbung gelbrot, ev. nach Befeuchten mit HCl; mit Soda auf Kohle bleibt weißes, stark leuchtendes CaO zurück, das mit Kobaltnitrat grau wird. c) In schwach salzsaurer Lösung geben H_2SO_4 oder Alkalisulfate monokline Kr. und Schwalbenschwanzzwillinge von Gips $CaSO_4 \cdot 2\,H_2O$. Mit Seignettesalz in essigsaurer Lösung scharfe rhombische Kr. ($CaC_4H_4O_6 \cdot 4\,H_2O$). Ferrocyankalium gibt in sehr verd. Lösungen bei Gegenwart von NH_4Cl quadratische Täfelchen von $K_2CaFe(CN)_6 \cdot 3\,H_2O$. Ammonphosphat liefert in stark essigsaurer Lösung spitzige Rhomboide von $CaHPO_4 \cdot 3\,H_2O$. In verd. Lösungen mit $(NH_4)_2CO_3$ oder $NaHCO_3$ scharfe Rhomboeder von Calcit; beim Kochen und mit viel Karbonat und Ammoniak Stäbchen von Aragonit, in der Kälte mit viel Na_2CO_3 kurze dicke monokline Prismen von Gaylussit $Na_2Ca(CO_3)_2 \cdot 5\,H_2O$.

Cer: a) Cerosalze werden durch Alkalien und Karbonate weiß gefällt, unl. i. Ü. Oxalsäure und Ammonoxalat fällen weißes Cerooxolat, unl. i. Ü. und in verd. Mineralsäuren; beim Glühen hinterbleibt hellgelbes Pulver

(CeO_2), bei Gegenwart von Praseodym zimtbraun (Pr_4O_7). Cerosalz mit H_2O_2 und ganz verd. NH_3 versetzt, gibt dunkelorange Fällung von CeO_3. b) Boraxperle in der O. Fl. heiß dunkelrot, kalt hellgelb, in der Red. Fl. farblos. c) In neutraler oder schwach essigsaurer Lösung von Cerosalz (ev. zuerst mit Alkohol und HCl reduzieren!) gibt Ammonsuccinat beim Erwärmen braunen Niederschlag, stachlige und wollige Aggregate oder Quasten. Bei Zusatz von NH_3 und H_2O_2 färben sich die Kristalle feuerrot. Mit Natriumsulfat in schwach schwefelsaurer Lösung linsenförmige Kr. von $Na_2SO_4 \cdot Ce_2(SO_4)_3 \cdot 2H_2O$. Mit Ameisensäure gut ausgebildete Pentagondodekaeder von $(HCOO)_3Ce \cdot nH_2O$ (zuerst fallen die Formiate von Pr und La, dann Ce, zuletzt Nd und Sa).

Chlor: a) Chloride entwickeln mit konz. H_2SO_4 stechend riechenden ClH, der an feuchter Luft Nebel bildet, mit NH_3 raucht, blaues Lackmuspapier rötet. Lösliche Chloride (ev. Auskochen mit Sodalösung) geben mit Silbernitrat weißes käsiges AgCl, unl. in HNO_3, l. l. in NH_3, CNK, $Na_2S_2O_3$. Trockenes Chlorid, mit festem $K_2Cr_2O_7$ und konz. H_2SO_4 erhitzt, gibt braune Dämpfe von CrO_2Cl_2, in wässerigem KOH gelb löslich (K_2CrO_4). b) Mit $KHSO_4$ geschmolzen HCl-Geruch; die CuO-Phosphorsalzperle färbt mit Chlorid die Flamme azurblau. Im Kölbchen mit met. Natrium geglüht, entsteht wasserlösliches NaCl, ebenso durch Glühen mit Kalk $CaCl_2$, löslich in verd. HNO_3. Mit Braunstein und $KHSO_4$ entwickelt sich Chlorgas. c) Salpetersaure Lösungen geben mit $AgNO_3$ reguläre Kr. von AgCl, löslich in NH_3. In salpeter- oder essigs. Lösung mit Bleinitrat farblose Nadeln und Spieße von $PbCl_2$. Mit Thallosalzen schwer lösliches TlCl als farblose, stark lichtbrechende Würfel.

Chrom: a) Aus Chromisalzlösungen mit KOH graugrüner Niederschlag, l. l. i. Ü. [$Cr(OK)_3$]; Alkalichromate, in Wasser gelb löslich, geben mit Säuren orangerotes $K_2Cr_2O_7$; mit H_2O_2, verd. H_2SO_4 und Äther geschüttelt, intensive Blaufärbung (H_3CrO_8). Aus essigsauren Chromatlösungen fällt $AgNO_3$ braunrotes Ag_2CrO_4, Bleiacetat gelbes $PbCrO_4$, $BaCl_2$ gelbes $BaCrO_4$, Merkuronitrat beim Kochen feuerrotes Hg_2CrO_4. b) Mit Soda und Salpeter (oder Kaliumchlorat) geschmolzen geben alle Cr-Verbindungen hellgelbes, wasserlösliches Alkalichromat. Mit Soda auf Kohle grüne Schlacke, die bei längerem Glühen grünes unschmelzbares Cr_2O_3 hinterläßt. Mit Glasflüssen schön smaragdgrüne Perlen. c) Chromatlösungen geben mit HNO_3 und $AgNO_3$ lebhaft rote, trikline Prismen von $Ag_2Cr_2O_7$, löslich in NH_3; in schwach essigsaurer Lösung mit Benzidinchlorhydrat [$C_{12}H_8(NH_2)_2 \cdot 2HCl$] lange, zu Sternen gruppierte, blauviolette Nadeln von Benzidinchromat.

Eisen: a) Aus Ferrisalzen fällt NH_3 braunes, gallertiges $Fe(OH)_3$; ebenso KOH. Natriumphosphat (und Alkaliacetat) fällt gelblichweißes $FePO_4$, unl. in Essigsäure. Beim Kochen mit Alkaliacetaten scheidet sich basisches Ferriacetat ab. Rhodankalium erzeugt blutrote Färbung, die mit Äther ausschüttelbar. Ferricyankalium gibt (in neutraler oder saurer Lösung) intensiv blaue Fällung von Berlinerblau, löslich in Oxalsäure. b) Glasperlen in der O. Fl. heiß gelb, kalt farblos, in Red. Fl. kalt grünlich; bei starker Sättigung heiß braun, kalt gelb, reduziert flaschengrün. Mit Soda graue Flitter von Fe, die kalt stark vom Magneten angezogen werden und in HNO_3 gelb löslich sind. c) Mit Ferrocyankalium blaue Flocken und

Häutchen von $Fe_4\,3Fe(CN)_6$. Mit Ammonfluorid farblose Oktaeder von $(NH_4)_3FeF_6$, die sich mit Ammoniak gelbbraun färben. Ferrosalze geben mit Oxalsäure gelbgrüne, dichroitische, rhombische Prismen von $FeC_2O_4 \cdot 2\,H_2O$.

Erbium: a) Verhalten ganz ähnlich wie Yttrium; nur Oxalsäure erzeugt in Lösungen hellrote, sandige Fällung. b) Erbiumoxyd leuchtet beim Glühen stark grünlich. c) Wie Yttrium.

Fluor: a) Mit konz. H_2SO_4 erhitzt, stechend riechender, farbloser HF, welcher feuchtes Fernambukpapier strohgelb färbt; im Reagenzglas entsteht hierbei H_2SiF_6, der Wasser trübt. $BaCl_2$ oder $CaCl_2$ geben in Lösungen dicke Fällung von BaF_2, löslich in Ammonsalz, bzw. schleimiges CaF_2, schwer löslich in Säuren. b) Mit $KHSO_4$ oder besser Phosphorglas ($NaPO_3$) geschmolzen, entwickelt sich HF, welcher Glas matt ätzt. Fluorhaltige Silikate mit Soda (Fluoride mit Soda und SiO_2) geschmolzen, geben wasserlösliches NaF und Na_2SiO_3. c) Bei Gegenwart von SiO_2 und NaCl gibt HF (lösliche Fluoride mit HCl) farblose Blättchen von Na_2SiF_6. Mit Bariumsalzen Nadeln und Stäbchen von $BaSiF_6$.

Gallium: Verhalten wie Aluminium. Alkalien fällen weißes, flockiges, i. Ü. lösliches $Ga(OH)_3$; bildet mit Alkalisulfaten Alaune. Aus essigsaurer Lösung fällt H_2S weißliches Ga_2S_3. Ga_2O_3 unschmelzbar.

Germanium: Verhalten wie Zinn bzw. Silicium. H_2S fällt aus schwefelsaurer Lösung weißes GeS_2, löslich in Wasser, unl. in Schwefelsäure, l. l. in Alkalien, Schwefelalkalien und Schwefelammon. Auf Kohle weißer Beschlag von GeO_2, bei starkem Erhitzen weißer Rauch. Das Dioxyd löst sich in HF zu H_2GeF_6, welches mit Alkalisalzen schwer lösliches K_2GeF_6 bildet.

Gold: a) H_2O_2 in alkalischer Lösung fällt Gold als feinverteiltes Metall (braun), im durchgehenden Lichte blaugrün. Mit etwas Arsensäure, Ferrichlorid und HCl gibt Zink schön rötliche Färbung. Verdünnte schwach salzsaure Goldlösungen geben mit Zinnchlorür roten Niederschlag (Goldpurpur), löslich in Ammoniak und Alkalien. b) Mit Soda weiches, gelbes Goldkorn, löslich nur in K. W. (zu $AuCl_3$, löslich in Äther). c) In neutraler Goldchloridlösung gibt Thallonitrat zitronengelbe Nadeln von $TlAuCl_4 \cdot 5\,H_2O$. Mit Zinnchlorür rote Färbung. Mit Rhodanammon in neutraler Lösung rote wollige Rosetten; bei Zusatz von Zinkacetat hochgelbes $ZnAu(CNS)_5$, mit Kobaltacetat dunkelblaugrünes Kobaltsalz. Mit NaJ und CsCl aus heißer Lösung goldgelbe, metallisch glänzende Würfel und Kreuze.

Indium: a) Verhalten wie Aluminium; mit NH_3 schleimiges $In(OH)_3$; gegen Alkalien, Natriumacetat und Bariumkarbonat genau wie Al. Ammonkarbonat fällt Indiumkarbonat, löslich im Ü.; beim Kochen wieder ausfallend. Mit Alkalichromat gelber, mit Ferrocyankalium weißer Niederschlag. Gelbes Schwefelammon fällt weißes In_2S_3. Zink und Magnesium fällen Indium als dünne metallische Blättchen. Wie Aluminium Alaune bildend. b) Blauviolette Flammenfärbung und hellgelber Beschlag. c) In salzsaurer $InCl_3$-Lösung gibt RbCl farblose, stark doppelbrechende (rhombische) Pseudooktaeder von Rb_3InCl_6; empfindlicher noch CsCl.

Jod: a) Jodatlösungen geben mit Silbernitrat, Bariumchlorid und Bleiacetat die entsprechenden weißen, schwer löslichen Niederschläge. Mit Reduktionsmitteln findet in schwefelsaurer Lösung Abscheidung von Jod statt (Ausschütteln mit Chloroform oder Schwefelkohlenstoff!), besonders mit JH, H_2S, Ferrosalz, SO_2. Aus Jodiden entwickelt konz. H_2SO_4 farblosen, stechend riechenden, nebelbildenden JH, l. l. in Wasser; $AgNO_3$ fällt gelbes käsiges AgJ, l. l. in CNK und $Na_2S_2O_3$; Bleisalze geben gelbes PbJ_2, löslich in heißem Wasser; mit Chlorwasser oder HNO_2 (Nitrose) gelbe bis braune Färbung von J, das CS_2 oder $CHCl_3$ rotviolett färbt. Merkurichlorid erzeugt scharlachrotes HgJ_2, löslich in JK. b) Durch Schmelzen mit $KHSO_4$ entsteht (neben JH) violetter Joddampf, welcher Stärkepapier blau färbt. Eine Kupferoxydperle färbt mit Jodidsalz die Flamme smaragdgrün. Jodate verpuffen beim Erhitzen auf Kohle. c) Mit Platinisalzen werden verdünnte Jodidlösungen weinrot, beim Erwärmen fällt schwarzbraunes PtJ_4 aus; mit viel KJ graphitfarbene Oktaeder von K_2PtJ_6. Mit $HgCl_2$ hochrotes HgJ_2.

Iridium: a) Aus Na_2IrCl_6-Lösung fällt H_2S (zuerst S unter Reduktion zu Trichlorid, dann) braunes Ir_2S_3, l. l. in Schwefelammon. NaOH i. Ü. läßt die dunkelschwarzrote Farbe des Tetrachlorids in Grün umschlagen, beim Erwärmen wird sie rötlich und schließlich lasurblau. KCl fällt schwarzbraunes K_2IrCl_6, NH_4Cl dunkelrotes $(NH_4)_2IrCl_6$. Reduktionsmittel (KNO_2, Oxalsäure, Zinnchlorür u. a. m.) bewirken Grünfärbung und dann Abscheidung von schwarzem Metall. b) Mit Soda graues, sprödes Metall, unl. in K. W.; mit NaCl im Chlorstrom erhitzt, wasserlösliches dunkelrotes Na_2IrCl_6. c) KCl gibt in Na_2IrCl_6-Lösung schwärzlichrote, RbCl zinnoberrote Oktaeder; stark verdünnte Lösungen noch mit CsCl gut ausgebildete Kristalle.

Kalium: a) In konz. Lösungen gibt Platinichlorid gelben Niederschlag; Weinsäure erzeugt bei Gegenwart von Na-Acetat weiße Fällung ($C_4H_5KO_6$); H_2SiF_6 fällt gallertiges K_2SiF_6, unl. in Alkohol. Perchlorsäure gibt weißes $KClO_4$. Wismutnitrat und $Na_2S_2O_3$ geben (bei Abwesenheit von NH_4Cl) gelbes $Bi(S_2O_3)_3K_3$. b) Violette Flammenfärbung, durch Kobaltglas oder Indigolösung betrachtet rosaviolett. c) Mit Platinchlorid scharfe zitronengelbe, stark lichtbrechende Oktaeder von K_2PtCl_6, unl. in Alkohol. Mit Natriumnitrat, Cu-, Pb-Acetat und Essigsäure schwarze Würfel von $K_2CuPb(NO_2)_6$. Mit Phosphormolybdänsäure in salpetersaurer Lösung stark gelb gefärbte, sphäroidische (reguläre) Körner von $K_3PO_4 \cdot 10\,MoO_3 \cdot 3\,H_2O$. Mit H_2SiF_6 farblose Würfel; mit $NaNO_2$ und $Co(NO_3)_2$ gelbe Würfel von $Co_2(NO_2)_6 \cdot 6\,KNO_2 \cdot 3\,H_2O$.

Kieselsäure siehe Silicium!

Kobalt: a) In konz. Lösungen mit KNO_2 und Essigsäure gelbe Fällung $[Co(NO_2)_6K_3]$; mit $(NH_4)CNS$ färbt sich Kobaltosalz prächtig blau $[Co \cdot (CNS)_4(NH_4)_2]$, löslich in Äther und Amylalkohol. b) Borax- und Phosphorsalzperlen in O. Fl. und Red. Fl. blau. Mit Soda graue magnetische Flitter, in HNO_3 rot löslich. c) Mit $HgCl_2$ und $(NH_4)CNS$ dicke blaue, rhombische Kr. bzw. Stachelkugeln von $CoHg(CNS)_4$, löslich in heißem Wasser. In essigsaurer Lösung mit KNO_2 dunkelgelbe Würfel und Oktaeder von Kaliumkobaltinitrit. Kobaltchlorid (andere Salze mit etwas NaCl) gibt mit konz. Anilin tiefblaue Kr. (monoklin) und Knäuel. Kobaltsalze mit KOH und H_2O_2 versetzt, lassen braunschwarzes $Co(OH)_3$ ausfallen.

Kohlenstoff: a) Karbonate werden, ev. beim Erwärmen, von Säuren zersetzt, wobei geruch- und farbloses CO_2-Gas entweicht, das Kalk- oder Barytwasser trübt. Aufbrausen! b) v. d. L. entweicht CO_2 unter Hinterlassung von Oxyden. Organische Verbindungen (auch Graphit) mit Salpeter auf Platinblech geschmolzen, geben K_2CO_3 (bisweilen unter Verpuffen), welches mit Säuren braust. c) Aus Karbonatlösungen fällt Calciumacetat kleine scharfe Rhomboeder ($CaCO_3$), Strontiumacetat sehr charakteristische Sphäroide.

Kupfer: a) Kuprisalze lösen sich in NH_3 mit azurblauer Farbe; Ferrocyankalium erzeugt in neutraler oder saurer Lösung rotbraunes $Cu_2Fe(CN)_6$, in NH_3 blau löslich. b) Mit Soda auf Kohle rotes Kupferkorn. Grüne Flammenfärbung, mit HCl befeuchtet, azurblau. Glasflüsse in der O. Fl. bei schwacher Sättigung blau, bei starker grün, in der Red. Fl. (besser mit Staniol) rubinrot (in Spuren) bis leberbraun undurchsichtig (viel met. Cu). c) Mit $HgCl_2$ und NH_4CNS in schwach essigsaurer Lösung gelblichgrüne, spießige Kr. von $CuHg(CNS)_4 \cdot H_2O$. Mit Bleiacetat, etwas Essigsäure und viel KNO_2 (ev. Zusatz von CsCl oder TlCl) schwarze Würfel von $K_2CuPb(NO_2)_6$.

Lanthan: a) Alkalien fällen weißes $La(OH)_3$, unl. i. Ü.; $(NH_4)_2CO_3$ ebenso; mit Oxalsäure weißer Niederschlag, unl. in verd. Säuren und Ammonoxalat. K_2SO_4 fällt weißes $3 K_2SO_4 \cdot La_2(SO_4)_3$, unl. i. Ü. Der mit NH_3 erhaltene schleimige Niederschlag mit Wasser ausgewaschen und mit etwas festem Jod bestreut, färbt sich blau (wie Jodstärke!); durch Säuren und Alkalien wird die Farbe zerstört. c) Mit Ammonsuccinat in schwach essigsaurer Lösung stark doppelbrechende, rhomboidische Täfelchen, blattartige Sterne und lanzettförmige Kr. Mit Na_2SO_4 abgerundete Prismen (mit Thallosulfat sechsseitige Tafeln) von $Na_2SO_4 \cdot La_2(SO_4)_3 \cdot 3 H_2O$. Basisches Lanthanacetat (ausgefällt mit Ammoniak und Natriumacetat) wird durch Joddämpfe (oder Jod-Jodkaliumlösung) stark blau gefärbt.

Lithium: a) Konz. Lösung mit Ammonkarbonat und Ammoniak erhitzt, gibt weißes, in Wasser sehr schwer lösliches Li_2CO_3. Natriumphosphat und Alkali geben beim Kochen weißes, schmelzbares Li_3PO_4. b) Flammenfärbung prächtig karminrot, ev. Zusammenschmelzen mit $KHSO_4$ und CaF_2. c) Mit $(NH_4)_2CO_3$ dünne Prismen, Nadeln und Stacheln (Li_2CO_3); mit Na_2HPO_4 und NaOH (oder Soda) beim Kochen Rauten, Körner und rhombische Prismen.

Magnesium: a) Mit Natriumphosphat, Salmiak und Ammoniak weißes $MgNH_4PO_4$; $Ba(OH)_2$ fällt bei Abwesenheit von Ammonsalzen weißes $Mg(OH)_2$. b) Beim Glühen mit Soda hinterbleibt weißes, stark leuchtendes MgO. Mit Kobaltnitrat schwach fleischrote Masse. c) Mit Na_2HPO_4, NH_4Cl und NH_3 ev. beim Erwärmen rhombisch hemimorphe Kr. (oder Dendriten und X-förmige Skelette) von $MgNH_4PO_4 \cdot 6 H_2O$. Kaliumpyroantimoniat fällt aus neutralen oder ammoniakalischen Lösungen sechsseitige glänzende Prismen (Ca und Na ebenso!).

Mangan: a) Manganosalze geben mit KOH und H_2O_2 braune Flocken von MnO_2; Schwefelammon fällt fleischfarbenes Sulfid, das beim Kochen grün wird. Chlorarme Lösungen mit PbO_2 und konz. HNO_3 gekocht, werden violettrot ($HMnO_4$). b) Beim Schmelzen mit Ätzalkalien oder Alkalikarbonaten und Salpeter (oder $KClO_3$) entsteht eine grüne Schmelze

(Na_2MnO_4). Borax- und Phosphorsalzperle in der O. Fl. bei schwacher Sättigung amethystfarben, bei starker fast braun, in der Red. Fl. farblos. c) Mit Ammoniak und H_2O_2 (oder bei Kochen mit HNO_3 und $KClO_3$) braune MnO_2-Flocken. In schwach essigsaurer Lösung geben KHC_2O_4 und Oxalsäure sehr bezeichnende Speichenkränze von $MnC_2O_4 \cdot 3\,H_2O$. Mit Natriumphosphat, Salmiak und Ammoniak blaßrosenrote Schuppen von $NH_4MnPO_4 \cdot 6\,H_2O$ (ähnlich Mg!).

Molybdän: a) Mit konz. H_2SO_4 in Porzellanschale eingedampft, intensive Blaufärbung. Eine mit HCl oder H_2SO_4 angesäuerte Molybdatlösung färbt sich mit Zink zuerst blau, dann grün, zuletzt braun. KCNS erzeugt in sauren Lösungen mit Zn oder $SnCl_2$ blutrote, ätherlösliche Färbung. Ferrocyankalium gibt rotbraune Fällung. Mit HNO_3 stark angesäuerte Molybdatlösung gibt mit wenig Natriumphosphat (und Ammonnitrat) beim Erwärmen gelben Niederschlag. b) Mit Soda auf Kohle graues Metall und weißer MoO_3-Beschlag; letzterer wird beim Berühren mit der Red. Fl. tiefblau, bei stärkerem Erhitzen kupferrot. Borax- oder (besser) Phosphorsalzperle wird in der O. Fl. je nach Konzentration heiß dunkelrot, braun, gelb, kalt gelbgrün bis farblos, in der Red. Fl. heiß dunkelbraun, kalt grasgrün. Mit Soda und Salpeter geschmolzen, entsteht Alkalimolybdat. c) In KOH haltigen Molybdatlösungen gibt Thallonitrat glitzernde, sechsseitige Blättchen und sechsstrahlige Sterne von Tl_2MoO_4, l. l. in heißem Wasser; (ähnlich Bleiacetat!). Mit KCl, NH_4Cl und etwas verd. Natriumphosphat beim Erwärmen gelbe reguläre Körner von $K_3PO_4 \cdot 10\,MoO_3 \cdot 3\,H_2O$.

Natrium: a) Kaliumpyroantimoniat gibt weißen Niederschlag ($Na_2H_2Sb_2O_7$). b) Intensiv gelbe Flammenfärbung; mit rotem HgJ_2 bestrichenes Papier erscheint im Natriumlicht farblos; durch Kobaltglas betrachtet, rein blau bzw. unsichtbar. c) Uranylacetat und verd. Essigsäure geben scharfe, lichtgelbe Tetraeder von $NaUO_2(C_2H_3O_2)_3$, bei Gegenwart von Mg (Zn, Be u. a.) gelbliche, rhomboedrische Tripelacetate. Mit H_2SiF_6 [oder $(NH_4)_2SiF_6$] hexagonale Täfelchen, Säulchen und Rosetten (meist schwach rosa gefärbt). In schwefelsaurer Lösung erzeugt Wismutnitrat farblose Stäbchen von $3\,Na_2SO_4 \cdot 2\,Bi_2(SO_4)_3$. $K_2H_2Sb_2O_7$ in alkalischer Lösung gibt tetragonale Prismen (ev. bei Zusatz von Alkohol) oder linsenfg. Kr. von $Na_2H_2Sb_2O_7 \cdot 2\,H_2O$.

Neodym (und **Praseodym**): a) Mit Alkalien violette Färbung, unl. i. Ü., ebenso mit Alkali- und Ammonkarbonat, Oxalsäure und Ammonoxalat sowie K_2SO_4. b) Neodymoxyd Nd_2O_3 nach dem Glühen bläulich, in Säuren l. l. zu violetten Salzen. Praseodymoxyd Pr_2O_3 ist grünlichweiß und geht beim Glühen an der Luft in dunkelbraunes Pr_4O_7 über; letzteres in Säuren unter O-Entwicklung löslich zu lauchgrünen Salzen. c) Aus Lösungen der Chloride oder Nitrate fällt Ammonsuccinat Büschel oder Rosetten von braunen Nadeln $[(C_4H_4O_4)_3Nd_2 \cdot n\,H_2O]$ (ähnlich Ce, La, Sm).

Nickel: a) Aus alkalischer Lösung fällt Natriumhypochlorit (ebenso Cl, Br) braunschwarzes $Ni(OH)_3$; H_2S (ebenso Schwefelammon) erzeugt in schwach essigsaurer Lösung (bei Gegenwart von Alkaliacetat) schwarzes NiS. b) Glasflüsse in der O. Fl. braun, in der Red. Fl. grau (von met. Ni); mit Soda auf Kohle graue magnetische Flitter, die sich in HNO_3 grün lösen. c) Mit Dimethylglyoxim in ammoniakalischer (oder schwach essigsaurer) Lösung Büschel feiner, kräftig dichroitischer Nadeln von $(CH_3CNO)_2 \cdot Ni(CH_3CNOH)_2$. In essigsaurer Lösung mit Kaliumnitrit und Bleiacetat gelber Niederschlag, aus heißem Wasser umkristallisierbar in Würfeln und Oktaedern $[K_2NiPb(NO_2)_6]$. In konz. Nickelchloridlösung (ev. NaCl-Zusatz) gibt konz. Anilin monokline Kr. und radialfaserige, fast farblose Aggregate von sehr hoher Dispersion.

Niobium: a) Aus Alkalihexaniobatlösungen fällen Mineralsäuren amorphe Niobsäure Nb_2O_5, besonders beim Kochen in verd. Lösung. Aus schwefelsaurer Lösung fällt Ammoniak ebenso. In saurer Lösung gibt Zink schön blaue Färbung, die später braun wird. b) Phosphorsalzperle wird je nach Konz. in der Red. Fl. blau, violett oder braun, bei Zusatz von $FeSO_4$ rot. Durch Schmelzen mit Ätzkali oder Alkalikarbonat entsteht wasserlösliches Alkalihexaniobat. c) Niobatlösung gibt mit Na-Acetat und NaOH unlösliches $Na_8Nb_6O_{19} \cdot 16\,H_2O$ als Nadeln und Prismen, ev. sechsseitige Täfelchen und Sterne.

Osmium: a) K_2OsCl_6 löslich in kaltem Wasser mit roter Farbe; beim Ansäuern entweicht OsO_4 mit durchdringendem Geruche; H_2S fällt braunschwarzes Sulfid, unl. in Schwefelammon; Alkalien fällen rotbraunes $Os(OH)_4$; beim Erhitzen mit Alkohol (oder Gerbsäure) und HCl dunkelblaue Lösung $(OsCl_2)$; KJ färbt die Lösung tiefpurpurrot; Zinnchlorür gibt braune Fällung. b) Metallisches Osmium fein verteilt löslich in K. W. und rauchender HNO_3; auch durch Schmelzen mit NaOH und KNO_3 (oder $KClO_3$); beim Erhitzen mit HNO_3 entweicht farbloses OsO_4, leicht schmelzend, sublimierbar, mit Chlorgeruch. c) OsO_4 in KOH gelbbraun löslich; mit Reduktionsmitteln (Alkohol) scheiden sich rötlichviolette (rhombische) Oktaeder ab $(K_2OsO_4 \cdot 2\,H_2O)$; setzt man hierzu noch viel Salmiak, so erhält man hellgelbe Stäbchen, Quasten und Dendriten $(N_4OsH_{12}Cl_2)$. Mit Ferrocyankalium starke Purpurfärbung. Mit HCl und CsCl grünlichgelbe Oktaeder.

Palladium: a) H_2S fällt aus $PdCl_2$-Lösungen schwarzes PdS, Alkalien braunes Salz; NH_3 fleischrotes $Pd(NH_3)_2Cl_2$, i. Ü. farblos löslich, daraus mit HCl gelbes Salz. KJ erzeugt in sehr verd. Lösungen schwarzes PdJ_2, löslich in NH_3 und KJ. Reduktionsmittel fällen Metall. Zinnchlorür und HCl geben zuerst rote, dann braune, zuletzt grüne Lösung. $PdCl_2$-Lösung mit Chlorwasser geschüttelt und mit NH_4Cl versetzt, gibt roten Niederschlag $[PdCl_6(NH_4)_2]$. b) Durch Glühen erhält man aus allen Palladiumverbindungen Metall, löslich in HNO_3 oder K. W. c) Mit KJ schwarzbrauner Niederschlag, i. Ü. rotbraun löslich; PdJ_2 gibt mit NH_3 orangefarbene Nädelchen und später hellgelbe rechtwinklige Dendriten von $N_2PdH_6J_2$. Mit $Hg(CN)_2$ und Ammoniak farblose Würfel. Mit etwas HCl und Thallonitrat hellbraune Stäbchen und Nadeln (Tl_2PdCl_4).

Phosphor: a) Aus sehr verd. Phosphatlösungen fällt Salmiak, Ammoniak und $MgCl_2$ weißes $MgNH_4PO_4$. Ferrichlorid und Na-Acetat geben, besonders beim Kochen, gelblichweißes $FePO_4$. Aus salpetersaurer Lösung fällt Ammonmolybdat i. Ü. gelbes Salz, l. l. in Alkalien und Ammoniak. Bleiacetat fällt weißes, in Essigsäure fast unl. $Pb_3(PO_4)_2$. b) Beim Erhitzen mit Magnesium (Draht oder Pulver) werden wasserfreie Phosphate zu Phosphid reduziert, welches mit Wasser lauchartigen Geruch von PH_3

liefert. Phosphorsäure färbt die Flamme blaugrün, besonders nach Befeuchten mit H_2SO_4. c) Die stark salpetersaure Phosphatlösung gibt mit Ammonmolybdat schwefelgelbe reguläre Kr. von $(NH_4)_3PO_4 \cdot 12\,MoO_3$. Mit ammoniakalischer Chlormagnesiumlösung rhombisch hemimorphe Kr. von $MgNH_4PO_4 \cdot 6\,H_2O$.

Platin: a) KCl (oder NH_4Cl) gibt mit $PtCl_4$-Lösung gelben, in Alkohol unl. Niederschlag; Alkalijodide färben die H_2PtCl_6-Lösung dunkelbraun (K_2PtJ_6). H_2S fällt in der Hitze dunkelbraunes PtS_2, löslich in K. W. Mit Zinnchlorür blutrote Färbung, löslich in Äther. Mit Reduktionsmitteln (Zink, Ameisensäure) fällt schwarzes Pt. b) Mit Soda graues schwammiges Metall, das durch Reiben im Achatmörser glänzend wird, löslich in K. W. c) Mit KCl schöne zitronengelbe Oktaeder (K_2PtCl_6), noch besser mit RbCl, CsCl oder Thallonitrat. Mit Stanniol und Salzsäure in der Wärme tiefbraunrote Lösung (feinverteiltes Metall!). Platinochloridlösung gibt mit Ammoniak grüne Nadeln $[N_2PtH_4(NH_4)_2PtCl_4]$, mit Cupriacetat, Salmiak und Ammoniak lebhaft violette Nadeln $[N_2Cu \cdot H_4(NH_4)_2PtCl_4]$.

Praseodym siehe Neodym!

Quecksilber: a) In Merkurisalzlösung erzeugt KJ roten Niederschlag, i. Ü. farblos löslich (HgJ_4K_2); KOH fällt gelbes HgO bzw. rotbraunes Hg_2OCl_2; Reduktionsmittel (Ferrosulfat, $SnCl_2$, Cu, Zn, Fe) fällen schwarzes Metall, das beim Verreiben silberglänzend wird. Aus Merkurosalzen fällt Alkalichromat rotes Hg_2CrO_4, KJ grünes Hg_2J_2, Alkalichloride weißes Hg_2Cl_2; mit NH_3 Schwarzfärbung (Hg). b) Mit Soda erhitzt, im Kölbchen grauer Hg-Spiegel und kleine Tröpfchen. c) Merkurisalze geben mit Kobaltacetat, Rhodanammon und etwas Essigsäure blaue Kr. und stachlige Aggregate von $CoHg(CNS)_4$. KJ fällt hochrotes HgJ_2, löslich in heißem Wasser, woraus rubinrote quadratische Täfelchen und spitze Pyramiden kristallisieren. Aus Merkurosalzen fällt HCl feine (tetragonale) Nadeln von Hg_2Cl_2; $K_2Cr_2O_7$ erzeugt feuerroten Niederschlag, aus heißer salpetersaurer Lösung rote Kreuze.

Rhodium: a) Aus Na_3RhCl_6-Lösung fällt H_2S beim Erhitzen braunes Rh_2S_3, KOH beim Kochen schwarzbraunes $Rh(OH)_3$; NH_3 gibt gelbe Fällung, KNO_2 beim Erwärmen orangefarbenes Salz. Reduktionsmittel fällen schwarzes Metall. b) Mit Soda v. d. L. Metall, unl. in K. W.; Aufschließen mit Kaliumpyrosulfat. Beim Erhitzen von Rh mit NaCl im Chlorstrom entsteht wasserlösliches Na_3RhCl_6. c) Kaliumnitrit fällt aus saurer Lösung gelbe Würfel von $K_3Rh(NO_2)_6$, in alkalischer Lösung sechsblättrige, blumenähnliche Rosetten. CsCl gibt rosenrote Nadeln und Stäbchen von Cs_3RhCl_6. Aus Lösungen kristallisieren stark glänzende, tiefrote bis schwärzliche asymmetrische Prismen von $Na_3RhCl_6 \cdot 9\,H_2O$.

Rubidium: a) Mit H_2PtCl_6 gelbe Fällung, schwerer löslich als das K-, leichter als das Cs-Salz. H_2SnCl_6 und Weinsäure geben nur in ganz konz. Lösungen weiße Niederschläge. b) Flammenfärbung violett wie Caesium. c) Mit Platinichlorid gelbliche Oktaeder von Rb_2PtCl_6. Mit Ammonsilikomolybdat rundliche dodekaedrische Kr. von $Rb_4SiO_4 \cdot 12\,MoO_3 \cdot n\,H_2O$. Mit Natriumbitartrat rhombische Prismen und Domen (wie Kalium!).

Ruthenium: a) In $RuCl_3$-Lösung erzeugt H_2S zuerst lasurblaue Färbung, dann braunes Sulfid; KOH fällt schwarzes $Ru(OH)_3$. KCNS gibt allmählich rote, beim Erhitzen violette Färbung. KNO_2 färbt die Lösung orangegelb $[K_3(NO_2)_6Ru]$, mit etwas $(NH_4)_2S$ dunkelrot. Zink gibt zuerst lasurblaue Färbung, dann schwarzes Metall. b) Ru-Metall oxydiert sich beim Erhitzen zu flüchtigem, durchdringend riechendem RuO_4 (ähnlich OsO_4). Schmelze mit KOH und KNO_3 gibt K_2RuO_4, woraus HNO_3 schwarzes $Ru(OH)_4$ fällt, löslich in HCl zu orangegelbem $RuCl_3$. c) Mit KCl erhält man aus $RuCl_3$-Lösung schwarzbraune Oktaeder, löslich in heißem Wasser; CsCl gibt rötlichbraune, Thallonitrat gelbe Körner. $RuCl_3$-Lösung, ammoniakalisch gemacht, mit $Na_2S_2O_3$ erwärmt, färbt sich intensiv rotviolett.

Samarium: a) Gegen KOH, NH_3, $(NH_4)_2CO_3$, $C_2O_4H_2$, Na_2SO_4 Verhalten wie Lanthan. c) Mit Ammonsuccinat kleine Linsen und Rhomboide, auch krummstrahlige Sterne (ähnlich Y, Er, Nd, La). Mit Oxalsäure Kreuze und Stachelkugeln (ähnlich Ce), aus heißer salpetersaurer Lösung gestreckte, sechseckige Tafeln (ähnlich Nd, Pr). Mit Ferrocyankalium i. Ü. hexagonale Tafeln, sechsstrahlige Sterne, knopf- und dosenförmige Gebilde, seltener kurze Säulchen, oft mit Amethystfarbe (Nd, Pr ebenso). Mit Na_2SO_4 entstehen langsam prismatische Kr. von $Na_2SO_4 \cdot Sm_2(SO_4)_3$ (wie bei Nd und Pr).

Sauerstoff: a) Sauerstoffabgebende Mineralien (Superoxyde, Jodate, Chromate, Vanadinate, Nitrate) oxydieren HCl beim Erwärmen, wobei Chlor entweicht, das an seinem Geruch erkenntlich. b) Bei trockenem Erhitzen, z. B. von Manganerzen, wird O frei, worin sich ein glimmender Holzspan entzündet und mit hellem Lichte verbrennt. Nitrate, Jodate u. a. verpuffen v. d. L. auf Kohle.

Schwefel: a) Viele Sulfide werden von Säuren zersetzt unter Entwicklung von nach faulen Eiern riechendem H_2S, andere unter Abscheidung von Schwefel; in HCl unl. Sulfide geben H_2S bei Gegenwart von Stanniol. Prüfung auf H_2S mit Silbernitrat (schwarzes Ag_2S), oder Bleisalzen (Bleipapier), am besten in alkalischer Lösung (schwarzes PbS). Nitroprussidnatrium wird in alkalischer Lösung von H_2S oder Sulfiden schön rotviolett gefärbt. Paraamidodimethylanilinsulfat in konz. HCl gelöst, gibt mit H_2S (und etwas verd. Ferrichlorid) in Spuren Blaufärbung (Methylenblau!). Sulfate geben in sehr verd. Lösung mit $BaCl_2$ weißen, in Säuren unl. Niederschlag ($BaSO_4$), mit Bleiacetat weißes $PbSO_4$, löslich in konz. KOH oder H_2SO_4. b) Sulfide und Sulfate, mit Soda auf Kohle erhitzt, geben lösliches Na_2S, das blankes, mit Wasser befeuchtetes Silberblech braun bis schwarz färbt (Hepatreaktion). Unl. Sulfate geben mit Soda geschmolzen lösliches Alkalisulfat. Sulfide (und S) werden beim Erwärmen mit rauchender HNO_3, K. W., $HCl \times KClO_3$ leicht in Sulfate (bzw. H_2SO_4) übergeführt. Alle Schwefelverbindungen geben mit Eisenpulver erhitzt FeS, welches mit HCl H_2S entwickelt. Bei trockenem Erhitzen an der Luft zeigen Sulfide Geruch von SO_2. c) Sulfatlösungen geben mit Calciumacetat monokline Prismen, Schwalbenschwanzzwillinge und Stachelgruppen von $CaSO_4 \cdot 2\,H_2O$ (= Gips); Bleiacetat gibt Rauten und sechsseitige Täfelchen von $PbSO_4$. Benzidinsulfat in essigsaurer Lösung läßt farblose, gerade auslöschende, stark doppelbrechende Nadeln und Blättchen ausfallen.

Selen: a) Selenitlösungen werden mit Reduktionsmitteln (SO_2, $SnCl_2$, $FeSO_4$, Zn) und HCl zu rotem Se reduziert, das bei längerem Erhitzen schwarz wird. Rotes Se ist in CS_2 löslich, schwarzes unl. Durch Oxydation von Selen (mit HNO_3 oder K. W.) oder Lösen von SeO_2 in Wasser erhält man H_2SeO_3, durch Schmelzen von Se mit Soda und Salpeter Alkaliseleniat. Rotes Se ist in konz. H_2SO_4 mit grüner Farbe löslich, beim Verdünnen mit Wasser fällt wieder Selen rot aus. Etwas Kodein in konz. H_2SO_4 zeigt durch Grünfärbung Se an. b) An der Luft verbrennt Selen mit bläulicher Flamme und Geruch nach faulem Rettich zu weißem SeO_2 (Beschlag!); mit Soda auf Kohle geben alle Selenverbindungen den charakteristischen Geruch und Beschlag. In der Red. Fl. erhält man Metall, das sich auf kalter Porzellanschale als roter Beschlag ansetzt. Im K. sublimiert rotes Selen. Kornblumenblaue Flammenfärbung. c) Lösungen von SeO_2 geben mit Zn oder Mg und etwas Essigsäure (oder $SnCl_2$ und HCl) rote Flocken oder hochroten pulverigen Niederschlag von met. Se.

Silber: a) Aus sauren Lösungen fällen HCl oder Alkalichloride weißes käsiges AgCl, l. l. in Ammoniak; JK fällt gelbes AgJ, fast unl. in NH_3, l. l. in CNK und $Na_2S_2O_3$. H_2S gibt schwarzes Ag_2S, l. l. in HNO_3. Alkalichromat erzeugt braunrotes, in Essigsäure schwer lösliches Ag_2CrO_4. b) Mit Soda weißes duktiles Metallkorn, l. l. in HNO_3; v. d. L. in der O. Fl. rötlicher Beschlag von Ag_2O. c) Mit HCl reguläre Kr. von AgCl, leicht umkristallisierbar aus Ammoniak. Mit Ammon- oder Kaliumbichromat große, gelbe bis blutrote, trikline Platten und Rauten von $Ag_2Cr_2O_7$, löslich in NH_3 und HNO_3.

Silicium: a) Wasserlösliche Alkalimetasilikate scheiden aus konz. Lösung gallertartige oder pulverige SiO_2 ab, besonders beim Kochen und Eindampfen (ebenso Zeolithe!). Mit HF (Flußspat) und H_2SO_4 erhitzt, ist SiO_2 flüchtig als SiF_4 (stechend riechendes Gas), das in Wasser weiße Häutchen bildet (Spaltung in SiO_2 und HF); mit HF verbindet sich SiF_4 zu wasserunlöslichem H_2SiF_6. b) Durch Schmelzen von Silikaten (und SiO_2) mit Ätzalkalien oder Alkalikarbonaten entstehen wasserlösliche Metasilikate; viele Silikate geben in der Phosphorsalzperle einen unl. Rest (weißes Kieselskelett). Durch Sodaschmelze (unter Aufbrausen!) gelöste oder mit konz. HCl zersetzbare Silikate geben oft Kieselgallerte, die sich mit Farbstoffen (Fuchsin, Malachitgrün) färbt. c) In HF (oder NH_4F × HCl) gelöste Silikate geben mit NaCl sechseckige Täfelchen und Sterne von Na_2SiF_6. H_2SiF_6 bildet mit KCl reguläre Kr. von K_2SiF_6.

Stickstoff: a) Konz. H_2SO_4 entwickelt beim Erhitzen mit Nitraten gelbliche bis braune Dämpfe (NO_2) von stechendem Geruch. Mit Jodkalium, Essigsäure und Zink färbt sich Nitratlösung gelb von ausgeschiedenem Jod, das CS_2 rotviolett und Stärkelösung blau färbt. Diphenylamin in konz. H_2SO_4 mit Nitratlösung überschichtet, färbt sich an der Berührungsstelle kornblumenblau, Brucin in konz. H_2SO_4 färbt sich zuerst rot, dann gelb, zuletzt grüngelb. Zink (oder Devarda-Legierung) mit Alkali gekocht, reduziert Nitrate zu Ammoniak. b) Nitrate verpuffen beim Erhitzen auf Kohle infolge rascher Verbrennung zu Karbonat. Im K. entwickeln Nitrate braune Dämpfe, besonders beim Erhitzen mit $KHSO_4$. c) Essigsaure Nitratlösungen bilden mit Nitron lange feine Nadeln. Cinchonaminchlorhydrat bewirkt die Entstehung farbloser, stark polarisierender quadratischer Täfelchen und Sechsecke. Konz. Nitratlösungen geben mit Bariumacetat oktaedrisch Kr. von $Ba(NO_3)_2$.

Strontium: a) Verd. H_2SO_4 (oder Gipslösung) erzeugt weiße Fällung von $SrSO_4$; Ammonoxalat gibt in essigsaurer Lösung weißen Niederschlag $Sr(COO)_2$. b) Mit Soda auf Kohle hinterbleibt weißes unschmelzbares Oxyd. Sr-Salze färben die Flamme karmoisinrot, besonders nach Befeuchten mit HCl. c) Mit verd. H_2SO_4 rhombische Stäbchen und Rauten, mit K_2CrO_4 Prismen und Sphäroide, auch Büschel und Garben ($SrCrO_4$), mit Oxalsäure oktaedrische und prismatische, tetragonale Kr.; mit Alkalitartrat in essigsaurer Lösung rhombische Kr.

Tantal: a) Aus wasserlöslichem Alkalihexatantalat wird durch Säuren (H_2SO_4) beim Kochen aus verd. Lösungen Ta_2O_5 gefällt, löslich in $KHSO_4$-Schmelze (oder Kaliumpyrosulfat). In saurer Lösung erzeugt Ferrocyankalium gelblichweiße Fällung, die mit NH_3 braun wird. b) Durch Schmelzen mit Ätzalkalien erhält man leicht Alkalitantalat. c) Eine konz. Lösung von Ta_2O_5 in HF gibt mit KF schwer lösliche, farblose, dünne rhombische Nadeln von K_2TaF_7, beim Kochen entsteht sehr schwer lösliches Oxyfluorid. Kaliumhexatantalat, in NaOH löslich, gibt mit NaCl farblose, hexagonale Täfelchen, Rosetten und Stäbchen von $Na_8Ta_6O_{19} \cdot 25 H_2O$.

Tellur: a) Aus wasserlöslichem Tellurit (K_2TeO_3) fällt H_2S in saurer Lösung braunes Te_2S_3, l. l. in Schwefelammon; SO_2, $SnCl_2$ oder Zn fällen aus verd. salzsaurer Lösung schwarzes Metall. b) Beim Erhitzen in der Red. Fl. metallisches Te (auf kaltem Glas schwarzer Anflug), in konz. H_2SO_4 karminrot löslich. Tellur verbrennt mit blaugrüner Flamme zu TeO_2, auf Kohle weißer, oft braunrot gesäumter Beschlag, der in der Red. Fl. mit grünem Schein verschwindet. TeO_2 schmilzt v. d. L. zu gelber Flüssigkeit, ist nicht sublimierbar und in KOH löslich. c) Aus konz. Lösungen von TeO_2 in HCl gibt CsCl zitronengelbe Oktaeder von Cs_2TeCl_6, die durch Wasser zersetzt und mit KJ sofort schwarzbraun werden.

Thallium: a) Aus essigsaurer Thallosalzlösung fällen H_2S und $(NH_4)_2S$ schwarzes Tl_2S; HCl erzeugt weiße Fällung von TlCl, KJ aus sehr verd. Lösungen von gelbem TlJ. H_2PtCl_6 gibt hellgelben Niederschlag, Alkalichromat gelbes Tl_2CrO_4. b) Flammenfärbung prächtig smaragdgrün. c) Mit Aluminiumsulfat und Thallosulfat glänzende farblose Oktaeder von Tl-Alaun. TlCl stark lichtbrechende farblose Würfel, TlJ dunkelgelbe kubische Kr. und Rosetten, beide aus heißem Wasser umkristallisierbar. Tl_2PtCl_6 reguläre Oktaeder. Mit $K_2Cr_2O_7$ prächtige Nadeln und Spieße, mit Phosphormolybdänsäure in salpetersaurer Lösung irisierende Blättchen von Tl_2MoO_4 durch Lösen des Niederschlags in KOH.

Thorium: a) $(NH_4)OH$, $(NH_4)_2S$ und KOH fällen weißes $Th(OH)_4$, unl. i. Ü. Ammonkarbonat erzeugt weißen Niederschlag, l. l. i. Ü. K_2SO_4 fällt $Th(SO_4)_3K_2 \cdot 2 H_2O$, unl. i. Ü. Oxalsäure fällt Thoroxalat, unl. i. Ü. und in verd. Mineralsäuren; ebenso Ammonoxalat, beim Kochen l. l. HF gibt weiße Fällung. b) Durch Schmelzen mit $NaHSO_4$ erhält man wasserlösliches $Na_2Th(SO_4)_3 \cdot 3 H_2O$; das entsprechende Kalisalz ist schwer löslich. c) Eine Lösung von Thoriumkarbonat in $(NH_4)_2CO_3$ gibt mit Thallonitrat farblose Rauten und kurze rhombische Prismen. Aus neutraler konz. Thoriumsulfatlösung fallen beim Kochen Nadeln von $Th(SO_4)_2 \cdot 3H_2O$, beim Eindampfen kurze Säulen. Mit Oxalsäure dünne Stäbchen oder quadratische Täfelchen von $Th(C_2O_4)_2$, l. l. in NH_3 und Ammonkarbonat.

Titan: a) TiO_2 in Kaliumpyrosulfatschmelze löslich zu $Ti(SO_4)_2$, in kaltem Wasser löslich, beim Kochen fällt körnige H_2TiO_3 aus, schwer löslich in Mineralsäuren. Tannin erzeugt voluminöse bräunliche Fällung, die bald orangefarben wird. Natriumphosphat fällt in Essigsäure unl. PO_4TiOH. Eine neutrale oder schwach saure Titansulfatlösung färbt sich mit H_2O_2 orangerot (TiO_3), in Spuren hellgelb. Zink oder Zinn erzeugen in salzsaurer Lösung violette Färbung (Ti_2Cl_6). b) Glasflüsse werden bei längerem Erhitzen in der Red. Fl. (schneller bei Zinnzusatz) heiß gelb, kalt violett, bei Gegenwart von Eisen braun bis rot. Durch Schmelzen mit Soda oder NaOH erhält man in Säuren leicht lösliches Natriummetatitanat. Ti-Verbindungen mit Na_2O_2 geschmolzen, mit Wasser ausgezogen und mit H_2SO_4 stark angesäuert, geben orangerote TiO_3. c) Natriumtitanat gibt mit RbCl (oder CsCl) dünne blasse (vier-, acht-, sechseckige) Blättchen von $Rb_2TiF_6 \cdot H_2O$. Die durch Kochen mit Wasser abgeschiedene H_2TiO_3 färbt sich (nach dem Auswaschen mit HCl) mit Ferrocyankalium lebhaft braun bis gelb.

Uran: a) Aus Uranylsalzlösungen fällt KOH oder NH_3 gelbes Uranat, l. l. in Ammonkarbonat; Schwefelammon gibt braunes $(UO_2)S$, Natriumphosphat und Ammonacetat $PO_4(UO_2)NH_4$, unl. in Essigsäure. Ferrocyankalium gibt braunen Niederschlag, welcher durch KOH gelb wird. b) Glasflüsse werden in der O. Fl. gelb, in der Red. Fl. grün. c) Schwach mineralsaure Lösungen geben mit Natriumacetat scharfe, lichtgelbliche Tetraeder. In ammoniakalischer Lösung gibt Thallonitrat zuerst kurze spießige Kr., dann blaßgelbe Rauten und Sechsecke. Mit Ferrocyankalium und Essigsäure rotbraune Körner.

Vanadin: a) Alkalivanadate ($Na_4V_2O_7$) werden durch Reduktionsmittel beim Ansäuern blau; mit Zn oder Al wird die Lösung zuerst blau (V_2O_4), dann grün (V_2O_3), zuletzt violett (V_2O_2). Saure Vanadinatlösung mit H_2O_2 geschüttelt, färbt sich rotbraun, in Äther nicht löslich. Bleiacetat fällt gelbes Bleivanadat, l. in HNO_3. b) Boraxperle bei starker Sättigung in der O. Fl. gelbbraun bis gelb, in der Red. Fl. grün. Alle Vd-Verbindungen, mit Soda und Salpeter geschmolzen, angesäuert und mit H_2O_2 versetzt, werden rot. c) Aus $Na_4V_2O_7$-Lösung fällt Salmiak farblose, stark doppelbrechende linsenförmige Kr. von NH_4VO_3, schwer löslich i. Ü. Farblose Metavanadate werden beim Ansäuern dunkelorange (Pyrovanadat), woraus Silbernitrat in essigsaurer Lösung orangefarbene Stäbchen, Fächer und Sterne ausfällt ($Ag_4V_2O_7$); Thallonitrat gibt mit NH_3 und etwas NH_4Cl bernsteingelbe, hexagonale (knopfähnliche) Kr.

Wasser: Beim Erhitzen der Probe im Kölbchen setzt sich H_2O an kälteren Teilen als Beschlag in Form feiner Tröpfchen ab; sog. Kristallwasser entweicht bei etwa 100° C, sog. Konstitutionswasser erst bei höherer Temperatur (bis Rotglut!). Das entweichende Wasser kann neutral, alkalisch oder sauer reagieren (Prüfung mit Lackmuspapier). Spuren von Wasser geben oft Mineralien infolge oberflächlicher Anhaftung oder beginnender Verwitterung.

Wismut: a) KOH fällt weißes $Bi(OH)_3$, beim Kochen $BiO(OH)$, unl. i. Ü. Alkalische Bi-Lösung färbt sich mit Cl (Br, H_2O_2 u. a.) braun (BiO_3H); H_2S fällt braunes Bi_2S_3, $SnCl_2$ oder Zn schwarzes Bi; KJ fällt schwarzes BiJ_3, l. i. Ü. zu gelbem BiJ_4K. b) Flammenfärbung fahlgrünlichweiß; mit Soda sprödes, rötlichweißes Metallkorn; auf Kohle gelber Beschlag Bi_2O_3, der mit JH morgenrot, dieser mit Ammoniak orangerot [$(BiJ_4)NH_4$] wird. Bi-Verbindungen geben mit Jodkalium und Schwefel zusammengeschmolzen feuerroten Beschlag. c) In stark salzsaurer Lösung mit NaJ und CsCl blutrote sechsseitige Kr. von $Cs_2Bi(Cl, J)_5 \cdot 2\frac{1}{2} H_2O$. Aus heißer salzsaurer Lösung fällt Kalium(bi)oxalat rhombische, stark doppelbrechende (scheinbar tetragonale) Pyramiden und Prismen von Kaliumwismutoxalat. In schwefelsaurer konz. Lösung gibt K_2SO_4 hexagonale Täfelchen von $3K_2SO_4 \cdot Bi_2(SO_4)_3$.

Wolfram: a) Aus Wolframatlösungen fällen Mineralsäuren kalt weiße $H_2WO_4 \cdot H_2O$, heiß gelbe H_2WO_4; $(NH_4)_2S$ gibt hellbraunes WS_3, l. l. i. Ü. Mit Zink und HCl prächtig blaue Färbung (W_2O_5); $SnCl_2$ erzeugt zuerst Gelbfärbung, beim Erwärmen mit HCl blaue Fällung. Mit konz. H_2SO_4 erhitzt, ultramarinblaue Lösung. b) Durch Schmelzen mit Soda oder Alkali erhält man lösliches Wolframat. Phosphorsalzperle in der O. Fl. farblos, in der Red. Fl. blau, auf Zusatz von $FeSO_4$ blutrot; mit Phosphorglas rein blaues Glas. c) Mit Thalliumnitrat in alkalischer Lösung farblose sechsseitige Blättchen und Sterne von Tl_2WO_4. Die mit Säuren in der Kälte ausfallende weiße Wolframsäure färbt sich beim Kochen mit starker HCl gelb.

Yttrium: a) Alkalien fällen weißes Hydrat, unl. i. Ü., Karbonate weißes Karbonat, l. l. i. Ü., Oxalsäure weißes Oxalat, unl. i. Ü., HF amorphes YF_3. b) Yttriumoxyd leuchtet beim Glühen stark. c) Aus Lösung in NH_3 oder $(NH_4)_2CO_3$ fällt Oxalsäure tetragonale Pyramiden und quadratische Täfelchen von $Y_2(C_2O_4)_3 \cdot 9 H_2O$ (Er ebenso!). Eine Mischung von Milchsäure und Ammoniumlactat fällt Sphäroide bzw. Bündel und Sterne von Nadeln und rechteckigen Plättchen. Aus Lösungen von Ytererde in Ameisensäure [$Y(HCOO)_3$] kristallisieren tetraedrische Kr., bei Zusatz von Essigsäure Rauten mit lebhaften Polarisationsfarben.

Zink: a) Alkalien und NH_3 fällen weißes gallertiges $Zn(OH)_2$, l. l. i. Ü.; Natriumphosphat gibt $Zn_3(PO_4)_2$, löslich in Ammoniak, Ferrocyankalium weißes $Zn_2Fe(CN)_6$; Schwefelammon fällt aus alkalischer Lösung, besonders in der Hitze und mit NH_4Cl, weißes ZnS. b) Mit Soda kein Metallkorn; ZnO-Beschlag heiß gelb, kalt weiß, mit Kobaltnitrat geglüht grüne unschmelzbare Masse. c) Mit Ammonmerkurithiocyanat in essigsaurer Lösung gegabelte und verzweigte, oft gekrümmte und gefiederte Aggregate rhombischer Stäbchen [$ZnHg(CNS)_4$]. Mit Alkalikarbonat i. Ü. farblose Tetraeder von $3 Na_2CO_3 \cdot 8 ZnCO_3 \cdot 8 H_2O$. Ammonorthophthalat, Essigsäure und Thallonitrat geben viereckige und sechseckige, stark doppelbrechende Täfelchen (Cd gibt Prismen!).

Zinn: a) Aus Stannosalzen erzeugen Alkalien weiße gallertige Fällung [$Sn(OH)_2$], l. l. i. Ü.; H_2S fällt braunes SnS, l. l. in gelbem Schwefelammon, woraus beim Ansäuern gelbes SnS_2 ausfällt. Stannosalze reduzieren $HgCl_2$-Lösung zu weißem Hg_2Cl_2 bzw. Hg; ebenso Goldchloridlösung. b) Mit Soda, besser CNK, weiße duktile Sn-Flitter, die sich mit weißem Oxyd bedecken. Spuren von Zinn färben die schwach blaue CuO-Boraxperle in der Red. Fl. rubinrot (Cu!). Met. Zinn (im Achatmörser unter Wasser verreiben) unl. in HNO_3, löslich in HCl. c) Stannisalze (ev. mit Cl oder Br oxydieren) geben in stark salzsaurer Lösung mit RbCl (auch CsCl oder KCl) reguläre Kr. von Rb_2SnCl_6. Mit Kaliumoxalat erhält man aus Stannosalzen rudimentäre, H-förmige Kr. von starker Licht- und Doppelbrechung. Verd. $AuCl_3$-Lösung gibt mit $SnCl_2$ fein verteiltes Au, im auffallenden Lichte rot, im durchgehenden blaugrün.

Zirkon: a) Mit Alkalien, NH_3, $(NH_4)_2S$ weiße gallertige Fällung von $Zr(OH)_4$, unl. i. Ü. Konz. K_2SO_4 fällt in der Kälte Kaliumzirkonsulfat, unl. i. Ü. Curcumapapier mit salzsaurer Zirkonsalzlösung befeuchtet und getrocknet, färbt sich rotbraun. b) ZrO_2 ist unschmelzbar und leuchtet sehr stark beim Glühen. c) Mit Kaliumbioxalat farblose Pyramiden, Rauten und Prismen von $K_4Zr(C_2O_4)_4 \cdot 4\,H_2O$. Aus salzsauren Lösungen erhält man mit NH_4F und RbCl (auch CsCl, KCl) stark lichtbrechende, farblose Oktaeder von K_3ZrF_7. Schmelzung von ZrO_2 mit KF und Lösung in heißem Wasser gibt rechteckige Prismen von K_2ZrF_6.

Schlüssel zum Bestimmen der Mineralien.

A. Mit Metallglanz.

I. Arsenide[1]) II. Antimonide III. Bismutide
IV. Sulfide V. Selenide VI. Telluride
VII. Elemente VIII. Oxyde, Hydroxyde, Sonstige.

B. Ohne Metallglanz.

I. Verbrennend II. Arsenate III. Phosphate
IV. Sulfade V. Karbonate VI. Haloide
VII. Borate VIII. a) Nitrate, b) Chromate, c) Molybdate, d) Wolframate, e) Vanadinate, f) Uranate, g) Niobate, Tantalate, h) Antimonate, i) Selenite, k) Tellurite, l) Jodate, m) Stannate.
IX. Oxyde, Hydroxyde, Aluminate, Elemente.
X. a) Hydrosilikate (Zeolithe), b) Silikate, c) Titanate, d) Zirkoniate.
XI. Carbonide.

---

[1]) Weitere Gliederung innerhalb der Klassen nach dem Metall und zwar (soweit Vertreter hierfür vorhanden) in der Reihenfolge: a) beim Erhitzen v. d. L. flüchtig oder verbrennend; b) mit Kupfer; c) mit Silber, Gold, Quecksilber u. a. Edelmetallen; d) mit Blei; e) mit Zink, Cadmium; f) mit Wismut; g) mit Kobalt; h) mit Nickel; i) mit Mangan; k) mit Eisen; l) mit Zinn, Uran, Chrom u. a.; m) mit Strontium; n) mit Baryum; o) mit Calcium; p) mit Aluminium; q) mit seltenen Erden; r) mit Beryllium; s) mit Magnesium; t) mit Lithium; u) mit Kalium; v) mit Natrium.

Tafel II.

A. Mit Metallglanz.

I. Arsenide:

a) **verbrennend: Arsen** As (häufig mit Sb, zuw. mit Spuren von Ag, Fe, Au, Bi, Co, Ni, S); v. d. L. flüchtig mit Knoblauchgeruch, ohne zu schmelzen; weißer Beschlag (As_2O_3); färbt die Red. Fl. schwach hellblau; im K. als graulicher metallischer Beschlag (As) sublimierend. In Bromlauge zu Arsensäure löslich; von HNO_3 beim Erwärmen leicht aufgelöst. Bedeckt sich in Silbernitratlösung mit Ag-Kristallen.

ferner: Allemontit (As, Sb), Arsensulfurit (As, S).

b) **mit Kupfer: Tennantit** $As_2S_6Cu_6$ (gew. mit Fe, zuw. mit Zn, Sb, selten mit Ag, Bi, Co, Ni, Pb); v. d. L. leicht zur Kugel schmelzend; As_2O_3-Beschlag; in Red. Fl. Arsengeruch; im off. R. SO_2-Geruch und weißes Sublimat (As_2O_3); im K. Schwefelarsen-Beschlag. Mit Soda Kupferkorn und magnetische Fe-Flitter. Durch HNO_3 zersetzt unter As_2O_3- und S-Abscheidung; erwärmte KOH zieht Schwefelarsen aus. Mit Ammonnitrat eine heiß grüne, kalt braune Schmelze; daraus mit Wasser blaue Lösung von Cu- (Fe-, Zn-) Sulfat, Rückstand Sb_2O_5 und Fe_2O_3.

ferner: Enargit = Luzonit AsS_4Cu_3, Pearcit $(As, Sb)_2S_{11}(Ag, Cu)_{16}$, Domeykit Cu_3As; Algodonit Cu_6As, Whitneyit Cu_9As, Ledouxid Cu_4As, Keweenawit Cu_2As, Lautit CuAsS, Seligmannit AsS_3CuPb, Epigenit $As_2S_{12}(Cu_2)_4Fe_3$, Regnolit $As_2S_{12}Cu_5FeZn$.

c) **mit Silber:** Arsensilber Ag_3As, Pearcit (A I b), [Proustit AsS_3Ag_3 siehe B II], Smithit AsS_2Ag, Hutchinsonit $(AsS_2)_4(Tl, Ag)_2Pb$.

d) **mit Blei: Jordanit** $As_2S_7Pb_4$; schmilzt auf Kohle unter Abgabe von SO_2- und As-Dämpfen; gelber PbO-Beschlag; hinterläßt ein Bleikorn; im K. rotes Sublimat von Schwefelarsen; im off. R. SO_2-Geruch und As_2O_3-Beschlag. Von HNO_3 gelöst unter Abscheidung von $PbSO_4$.

ferner: Skleroklas As_2S_4Pb, Dufrenoysit $As_2S_5Pb_2$, Baumhauerit $As_6S_{13}Pb_4$, Rathit $As_4S_9Pb_3$, Guitermanit $As_2S_6Pb_3$, Liveingit $As_8S_{17}Pb_5$.

e) **mit Kobalt: Smaltin** $CoAs_2$ (stets mit etwas Ni und Fe); v. d. L. As-Rauch und Geruch; graulichschwarze, magnetische Kugel (spröde!); mit Borax Reaktion auf Fe, Co, Ni; im off. R. Sublimat von As_2O_3; im K. bei sehr starkem Erhitzen etwas metallisches Arsen. Mit HNO_3 rote Lösung, unter As_2O_3-Abscheidung; aus Silbersulfatlösung rasch Ag-Ausscheidung; mit alkal. Bromlauge schwarzes Kobaltsuperoxyd; aus Ammonnitratschmelze geht As_2O_3 in Lösung, Rückstand Co-, Ni-, Fe-Oxyd.

ferner: **Kobaltin** CoAsS, Skutterudit $CoAs_3$, **Glaukodot** (Co, Fe)AsS, **Safflorit** $(Co, Ni, Fe)As_2$, Alloklas (Co, Fe)(As, Bi)S, Badenit $(Co, Ni, Fe)_2 \cdot (As, Bi)_3$, sowie A I f!

f) **mit Nickel: Nickelin** NiAs (meist mit etwas Co, Fe, Bi, S); v. d. L. unter As-Geruch leicht zu weißer, spröder, ev. magnetischer Kugel schmelzend; mit Glasflüssen Ni- (bzw. Co-, Fe-) Reaktion; im off. R. As_2O_3-Sublimat. In K. W. löslich; in HNO_3 unter As_2O_3-Abscheidung; grüne Lösung mit Ammoniak saphirblau; aus schwefels. Silberlösung sofort Ag-Abscheidung.

ferner: **Chloantit** (Ni, Co, Fe) As_2 = **Rammelsbergit**, **Gersdorffit** NiAsS, **Korynit** Ni(As, Sb)S, **Wolfachit** (Ni, Fe) $(As, S, Sb)_2$, **Nickelstutterudit** (Ni, Co, Fe) As_3, **Maucherit** Ni_4As_3.

g) **mit Eisen: Arsenopyrit** FeAsS (oft mit Spuren von Co, Ni, Ag, Au, Sb); v. d. L. As-Dämpfe, As_2O_3-Beschlag, in der Red. Fl. drusige im Bruch tombackbraune magnetische Kugel (FeS); im K. zuerst rotes Schwefelarsen, dann schwarzes, metallisches Arsen; in off. R. SO_2 und As_2O_3, auch As. In K. W. löslich; durch HNO_3 Abscheidung von S und As_2O_3; mit alkalischer Bromlösung Fe_2O_3. Nach dem Abrösten Co-Nachweis mit Borax.

ferner: **Löllingit** $FeAs_2$; **Tennantit** $As_2S_6(Cu_2, Fe)_3$, sowie A I e u. f.

h) **mit Platin: Sperrylith** $Pt(As, Sb)_2$.

i) **sonstige:** Lorandit AsS_2Tl, Vrbait As_2SbS_5Tl.

II. Antimonide:

a) **verbrennend: Antimon** Sb (gew. mit etwas Ag, Fe, As); v. d. L. schmelzend und zu weißem Beschlage verflüchtigt, der die Red. Fl. bläulichgrün färbt; im off. R. weißes Sublimat (Sb_2O_3). Von K. W. leicht zu $SbCl_5$ gelöst; in HNO_3 zu Sb_2O_3 bzw. Sb_2O_5 löslich; Lösung durch Wasser getrübt.

Antimonit Sb_2S_3 (mit Spuren von Au, Ag); v. d. L. sehr leicht schmelzbar, die Flamme grünlich färbend; im off. R. starker Antimonrauch und Geruch von SO_2; im K. Sublimat, welches kalt kirschrot erscheint. In heißer HCl löslich; von HNO_3 zersetzt; von konz. KOH ockergelb gefärbt, Pulver größtenteils aufgelöst; mit kalter KOH (1 : 4 Wasser) behandelt, Bedeckung mit rotem Kermes (Sb_2S_2O); auch in alkalischer Bromlauge löslich.

ferner: Allemontit (Sb, As), sowie A II d!

b) **mit Kupfer: Tetraedrit** $Sb_2S_6(Cu_2, Ag_2)_3$, (meist mit As, Fe, Zn, auch Hg, selten Pb, Bi, Ni, Co); v. d. L. leicht zur Kugel schmelzend; starker Antimonrauch und Sb_2O_3-Beschlag (ev. As-Geruch!); mit Soda Cu-Korn (ev. mit Ag und Fe), oft ZnO-Beschlag; im K. dunkelrotes Sublimat; mit Soda ev. Hg-Spiegel; durch HNO_3 zersetzt; Lösung in K. W. durch Wasser getrübt; Rückstand ev. AgCl; erwärmte KOH zieht Schwefelantimon aus; mit Ammonnitratschmelze lösliche Sulfate von Cu, Fe, Zn, Rückstand Sb_2O_5 und Fe_2O_3. Auch in kochender CNK-Lösung vollkommen lösbar.

ferner: **Bournonit** SbS_3CuPb, **Polybasit** $(Sb, As)_2S_{11}(Ag, Cu)_{16}$, **Wolfsbergit** SbS_2Cu, **Horsfordit** Cu_6Sb, **Famatinit** SbS_4Cu_3, **Richmondit** $Sb_2S_9(Cu_2, Pb, Fe)_6$, **Ultrabasit** $Ge_3Sb_4S_{51}(Pb, Fe)_{28}(Ag, Cu)_{22}$.

c) **mit Silber: Stephanit** SbS_4Ag_5 (zuweilen mit etwas Fe, Cu, As); v. d. L. leicht schmelzbar; zuerst weißer Sb_2O_3-, dann rötlicher Ag_2O-Beschlag; im Red. Feuer, leichter mit Soda Silberkorn. Schlacke mit Borax Cu- und Fe-Reaktion. Leicht zersetzt von warmer HNO_3 unter Abscheidung von S und Sb_2O_3.

ferner: **Diskrasit** Ag_3Sb. **Polybasit** (A II b), **Miargyrit** SbS_2Ag, **Diaphorit** = Freieslebenit $Sb_4S_{11}Pb_3Ag_4$, Andorit Sb_3S_6PbAg, Brongniartit $Sb_2S_5(Ag_2, Pb)_2$, Bolivian $Sb_{12}S_{19}Ag_2$, Samsonit $Sb_2S_6Ag_5Mn$; **Pyrargyrit** SbS_3Ag_3 (siehe B VIII).

d) **mit Blei: Boulangerit** $Sb_4S_{11}Pb_5$ (mit geringen Mengen von Fe, Cu, Zn); v. d. L. leicht schmelzend; SO_2-Dämpfe, Sb_2O_3-Rauch und -Beschlag, gelber PbO-Beschlag; im K. dunkelrotes Sublimat; im off. R. Antimonrauch und -beschlag, viel SO_2, auf Kohle neben PbO- und Sb_2O_3-auch $PbSO_4$-Beschlag. Vollständig v. d. L. flüchtig; geringe Schlacke; Untersuchung mit Glasflüssen auf Fe und Cu. Von HNO_3 nicht vollkommen zersetzt, von heißer HCl gelöst unter H_2S-Entwicklung;

ferner: Bournonit SbS_3PbCu, Zinckenit Sb_2S_4Pb, Jamesonit $Sb_8 \cdot S_{14}(Pb, Fe)_5$, Plagionit $Sb_8S_{17}Pb_5$, Meneghinit $Sb_2S_7Pb_4$, Geokronit $Sb_2 \cdot S_8Pb_5$, Warrenit $Sb_4S_9Pb_3$, Semseyit $Sb_4S_{11}Pb_5$, Epiboulangerit $Sb_2S_8Pb_3$, Plumbostibit $Sb_2S_6Pb_3$, Diaphorit = Freieslebenit $Sb_4S_{11}Pb_3Ag_4$, Brongniartit $Sb_2S_5(Pb, Ag_2)_2$, Andorit Sb_3S_6PbAg, Kobellit $(Bi, Sb)_2 \cdot S_6Pb_3$, Nagyagit $Au_2Pb_{10}Sb_2Te_6S_{15}$, Frankeit $Sb_2S_{12}Sn_2Pb_5$, Plumbostannit $Sb_2S_{11}Sn_2Pb_2(Fe, Zn)_2$, Plumosit $Sb_2S_5Pb_2$.

e) **mit Nickel:** Ullmannit NiSbS, Breithauptit NiSb, Arit Ni(As, Sb), Willyamit (Ni, Co)SbS, Kallilith Ni(Sb, Bi)S.

f) **mit Eisen:** Berthierit Sb_2S_4Fe.

g) **sonstige:** Livingstonit Sb_4S_7Hg, Schwazit $Sb_2S_6(Hg_2, Cu_2, Fe, Zn)_3$.

III. Bismutide:

a) **verbrennend: Wismut** Bi (mit Spuren von As, Te, S); v. d. L. leicht schmelzend; auf Kohle verdampfend; anfangs weißer, dann gelber Beschlag. In HNO_3 leicht löslich; mit Wasser weißer Niederschlag.

Wismutit Bi_2S_3 (mit etwas Fe und zuweilen Cu); v. d. L. sehr leicht unter Kochen und Spritzen schmelzend; auf Kohle gelblicher Bi_2O_3- bzw. Wismutsulfatbeschlag; im Red. F. Wismutkugel; mit JK geschmolzen sehr flüchtiger Beschlag von Jodwismut. Leicht löslich in heißer HNO_3;

b) **mit Kupfer:** Emplektit BiS_2Cu, Klaprothit $Bi_4S_9Cu_6$, Wittichenit BiS_3Cu_3, Aikinit BiS_3PbCu, Alaskait $BiS_6Pb(Ag, Cu)$, Cuprobismutit $Bi_8S_{15}(Cu, Ag)_6$, Dognacskait $Bi_4S_7Cu_2$.

c) **mit Silber:** Matildit BiS_2Ag, Plenargyrit BiS_2Ag, Chilenit Ag_9Bi, Schirmerit $Bi_4S_9Ag_4Pb$, Alaskait $Bi_2S_6Pb(Ag, Cu)$.

d) **mit Blei:** Galenobismutit Bi_2S_4Pb, Lillianit $Bi_2S_6(Pb, Ag_2)_3$, Rezbanyit $Bi_{10}S_{19}Pb_4$, Schapbachit $Bi_2S_5(Pb, Ag_2)_2$, Chiviatit $Bi_8S_{11}Pb_2$, Aikinit BiS_3PbCu, Alaskait $Bi_2S_4(Pb, Ag_2, Cu_2)$. Kobellit $(Bi, Sb)_2S_5Pb_2$, Cosalit $Bi_2S_5Pb_2$, Beegerit $Bi_2S_9Pb_6$, Bismutoplagionit $Bi_8S_{17}Pb_5$.

e) **mit Kobalt-Nickel:** Bismutosmaltin $Co(As, Bi)_3$, Hauchecornit $(Ni, Co)_7(S, Bi, Sb)_8$, Badenit $(Co, Ni, Fe)_2(As, Bi)_3$.

f) **sonstige:** Maldonit Au_2Bi.

IV. Sulfide:

a) **verbrennend:** Metacinnabarit HgS; [**Galenit** PbS siehe A IV d].

b) **mit Kupfer: Chalkosin** CuS (zuw. mit etwas Fe und Ag); v. d. L. leicht unter Kochen zu spröder Kugel schmelzend; SO_2-Geruch; im K. nichts Flüchtiges; im off. R. SO_2; mit Soda Kupferkorn. In HNO_3 vollkommen löslich (S-Abscheidung); mit Bromlauge tiefschwarzes CuO. Aus Silberlösung Abscheidung von Ag-Kristallen.

Chalkopyrit FeS_2Cu; v. d. L. leicht unter Aufkochen und Funkensprühen zu schwarzer magnet. Kugel schmelzend; gut abgeröstet mit Glasflüssen Fe- und Cu-Reaktion. Im K. dekrep; Sublimat von S; im off. R. SO_2; mit Soda eisenhaltiges Kupferkorn. Mit HNO_3 grüne Lösung (S-Ausscheidung), mit NH_3 blau werdend, wobei $Fe(OH)_3$ rotbraun ausfällt. Leichter löslich in K. W. HCl zieht alles Fe aus; durch alkal. Bromlauge bronzebraun gefärbt ($CuO \times Fe_2O_3$).

Bornit FeS_3Cu_3. Löslich in siedender CNK-Lösung; aus schwefelsaurer Silberlösung rasch Ag-Abscheidung; mit alkal. Bromlauge braunschwarzer Oxyd-Überzug. Sonst wie Chalkopyrit.

ferner: **Cuban** = Chalmersit FeS_3FeCu, Barracanit Fe_2S_4Cu, Chalkopyrrhotin $Fe_2S_3(Fe, Cu)_3$, Barnhardtit $Fe_2S_5Cu_4$, Carollit Co_2S_4Cu, Jalpait $(Ag, Cu)_2S$, Stromeyerit $(Cu, Ag)_2S$, Stannin SnS_4Cu_2Fe.

c) **mit Silber: Argentit** Ag_2S (gew. mit etwas Fe und Co); v. d. L. unter Aufwallen schmelzend; SO_2-Dämpfe; nach längerem Blasen, sehr leicht mit Soda Ag-Korn; in HNO_3 löslich (S-Abscheidung), daraus mit HCl AgCl-Niederschlag.

ferner: Argyrodit GeS_6Ag_8, Sternbergit Fe_2S_3Ag, Argentopyrit Fe_3S_5Ag, Argyropyrit $Fe_7S_{11}Ag_3$, Friseit $Fe_5S_8Ag_2$, Jalpait $(Ag, Cu)_2S$, Stromeyerit $(Cu, Ag)_2S$, Canfieldit $(Sn, Ge)S_6Ag_8$.

d) **mit Blei: Galenit** PbS (oft mit etwas Ag, Sb, Fe, Zn); v. d. L. zerknisternd, unter SO_2-Entwicklung schmelzend; auf Kohle starker Beschlag, zuerst weißes $PbSO_4$, dann gelbes PbO; außen bläulicher Saum ($PbCO_3$); schließlich Bleikorn, leicht mit Soda; im K. gew. stark dekrep; in off. R. SO_2-Dampf und $PbSO_4$-Sublimat; in konz. HNO_3 l. l. (S und $PbSO_4$-Abscheidung); mit heißer oder konz. HCl weiße $PbCl_2$-Kristalle, mit Bromlauge braunes PbO_2, beide durch JH gelb werdend (PbJ_2).

e) **mit Kobalt:** Jaipurit CoS, Linneit $(Ni, Co, Fe)_3S_4$, Carollit Co_2S_4Cu, Daubreelith Co_2S_4Fe, Kobaltnickelpyrit $(Co, Ni, Fe)S_2$.

ferner: A IV f.

f) **mit Nickel: Millerit** NiS (oft mit Fe und Cu); v. d. L. unter starkem Sprühen schmelzend; nach dem Abrösten im Red. F. magnetisch, mit Glasflüssen Ni-Reaktion; im off. R. SO_2. Löslich in HNO_3 (S-Abscheidung) oder K. W. (H_2SO_4) zu grüner Lösung; mit alkal. Bromlauge schwarzes Nickelsuperoxyd.

ferner: Pentlandit (Fe, Ni)S, Horbachit $(Fe, Ni)_2S_3$, Polydymit = Linneit $(Ni, Co)_3S_4$, Kobaltnickelpyrit $(Co, Ni, Fe)S_2$.

g) **mit Mangan:** Alabandin MnS; [Hauerit MnS_2 siehe B IV].

h) **mit Eisen: Pyrit** FeS_2, **Markasit** FeS_2 (oft mit etwas As und Spuren von Au, Ag, Cu, Co, Mn); v. d. L. mit blauer Flamme (SO_2) verbrennend zu magnet. Kugel (FeS!); im K. Sublimat von S. Von

HNO_3 oder K. W. unter S=Abscheidung zersetzt; durch Bromlauge kupferrot gefärbt (Fe_2O_3).

Pyrrhotin FeS (mit Spuren von Ni, Co, Cu, Ag, Au); v. d. L. zu schwarzer magnet. Masse schmelzend; im O. F. rotes Oxyd gebend; im K. unverändert, im off. R. SO_2. In HCl löslich unter H_2S=Entwicklung und S=Abscheidung; von alkal. Bromlauge rasch zu Fe_2O_3 oxydiert.

ferner: Bornit FeS_3Cu_3, Chalkopyrit FeS_2Cu, Barnhardtit Fe_2S_5Cu, Cuban Fe_2S_3Cu; Stannin SnS_4Cu_2Fe, Sternbergit Fe_2S_3Ag, Argentopyrit Fe_3S_5Ag, Argyropyrit $Fe_7S_{11}Ag_3$, Friseit $Fe_5S_8Ag_2$.

i) **mit Quecksilber:** Metacinnabarit HgS; (Zinnober HgS siehe B IV).

k) **mit Zink:** Christophit (Zn, Fe)S [siehe Sphalerit, B IV].

l) **mit Zinn:** Stannin SnS_4Cu_2Fe; Canfieldit (Sn, Ge)S_6Ag_8, Argyrodit (Ge, Sn)S_6Ag_8.

m) **mit Molybdän: Molybdänit** MoS_2; v. d. L. SO_2=Entwicklung, die Flamme gelbgrün färbend; unschmelzbar; auf Kohle Beschlag von MoO_3, heiß gelblich, kalt weiß, mit Red. Fl. schön azurblau werdend; im K. unverändert; im off. R. SO_2 und blaßgelbes Sublimat (MoO_3); beim Erhitzen mit KNO_3 lebhaft verpuffend. Von HNO_3 zu MoO_3 oxydiert; in erwärmtem K. W. löslich.

n) **sonstige:** Laurit (Ru, Os)S_2, Tungstenit WoS_2, Sulvanit VS_4Cu_3.

V. Selenide:

a) **verbrennend:** Selentellur (Se, Te), Tiemannit HgSe, Onofrit Hg(S, Se), Lerbachit (Hg, Pb)Se, Clausthalit PbSe, Guanajuatit $Bi_2(Se, S)_3$, Joseit $Bi_3Te(S, Se)$.

b) **mit Kupfer:** Eukairit $(Ag, Cu)_2Se$, Zorgit $(Cu_2, Pb)Se$, Umangit $(Cu, Ag)_3Se_2$, Berzelianit $(Cu, Ag, Tl)_2Se$, Crookesit $(Cu, Tl, Ag)_2Se$.

c) **mit Silber:** Naumannit $(Ag_2, Pb)Se$, Eukairit $(Ag, Cu)_2Se$, Aguilarit $Ag_2(S, Se)$, Crookesit $(Cu, Tl\ Ag)_2Se$.

d) **mit Blei:** Clausthalit PbSe, Naumannit $(Pb, Ag_2)Se$, Zorgit $(Pb, Cu_2)Se$, Lerbachit (Hg, Pb)Se, Weibullit $Bi_2(Se, S)_4Pb$.

e) **mit Quecksilber:** Tiemannit HgSe, Onofrit Hg(S, Se), Lerbachit (Hg, Pb)Se.

VI. Telluride:

a) **verbrennend:** Tellur Te, Coloradoit HgTe, Altait PbTe, Tellurwismut Bi_2Te_3, Tetradymit Bi_2Te_2S, Wehrlit Bi_3Te_2, Joseit Bi_3TeS.

b) **mit Silber:** Hessit Ag_2Te, Stützit Ag_4Te, Petzit $(Ag, Au)_2Te$, Calaverit $(Au, Ag)Te_2$, Krennerit = Sylvanit $(Au, Ag)Te_2$, Muthmannit (Au, Ag)Te, Tapalpit $Bi(S, Te)_3Ag_3$.

c) **mit Gold:** Calaverit $(Au, Ag)Te_2$, Sylvanit = Krennerit $(Au\text{-}Ag)Te_2$, Petzit $(Ag, Au)_2Te$, Nagyagit $(Au_2, Pb)(Te, S)$.

d) **mit Blei:** Altait PbTe, Nagyagit $Au_2Pb_{10}Sb_2Te_6S_{15}$.

e) **mit Quecksilber: Coloradoit** HgTe.

f) **mit Wismut: Tetradymit** Bi_2Te_2S (mit Spuren von Se); v. d. L. leicht schmelzbar zu silberweißer, spröder Metallkugel, die sich ganz verflüchtigen läßt; Blaufärbung der Red. Fl. (Te), Entwicklung weißer Dämpfe; Beschlag erst weiß (TeO_2), dann orangegelb (Bi_2O_3); mit JK geschmolzen roter Beschlag; im off. R. weißes Sublimat (TeO_2), das v. d. L. zu farblosen Tröpfchen schmilzt; dazu SO_2-Dämpfe. L. l. in HNO_3 unter S-Abscheidung; Lösung gibt mit KOH weißen Niederschlag.

ferner: **Tellurwismut** Bi_2Te_3; Joseit (A VI a), Tapalpit (A VI b).

g) **mit Nickel: Melonit** Ni_2Te_3.

h) **sonstige:** Rickardit Cu_4Te_3.

VII. Elemente:

a) **rot: Kupfer** Cu (zuw. mit etwas Ag); v. d. L. leicht zur Kugel schmelzend; beim Abkühlen schwarzer CuO-Überzug; blaugrüne Flammenfärbung. In verd. HNO_3 l. l. (Entwicklung von NO_2), in K. W. leicht zu $CuCl_2$, in heißer HCl langsam zu Cu_2Cl_2. Mit Ammoniak blaue Flüssigkeit.

b) **gelb: Gold** Au (meist mit Ag, zuw. auch Cu und Fe); v. d. L. leicht zur Kugel schmelzend. Löslich in K. W., wobei AgCl zurückbleibt.

c) **weiß: 1. Silber** Ag (oft mit etwas Au, zuw. mit Spuren Sb, As, Hg, Co, Fe, Cu); v. d. L. leicht zur Kugel schmelzend; in der O. Fl. dunkelroter Beschlag von Ag_2O; beim Erstarren „Spratzen". In HNO_3 löslich; durch H_2S oder Alkalisulfid (Hepar) schwarz, durch KOH oder $KMnO_4$ wieder blank werdend.

2. **Quecksilber** Hg (oft mit etwas Ag); v. d. L. vollkommen flüchtig, oft kleines Ag-Korn zurückbleibend. L. l. in HNO_3.

3. **Amalgam** (Ag, Hg); v. d. L. entweicht Hg unter Hinterlassung einer Silberkugel; im K. sublimiert unter Kochen und Spritzen **Hg**, das zurückbleibende Silber ist schwammig aufgequollen. L. l. in HNO_3.

ferner: Zinn Sn sowie A VII d!

d) **grau: 1. Platin** Pt (fast stets mit Fe, oft mit etwas Pd, Rh, Ir, Os, Cu); v. d. L. unschmelzbar; von K. W. (auch Br, J mit HNO_3) leicht gelöst.

2. **Eisen** Fe (tellurisch oft mit C, meteorisch meist mit Ni, auch etwas Co, Mo, Sn, Cu, Mn, Mg, Si, Cl, S, P); v. d. L. unschmelzbar; bei Weißglut unter Funkensprühen verbrennend; bedeckt sich beim Glühen mit schwarzem Fe_3O_4; an feuchter Luft oxydiert. Löslich in verd. HCl, H_2SO_4 oder HNO_3, nicht konz. HNO_3.

ferner: Nickeleisen (Ni, Fe); Blei Pb; Iridium (Ir, Pt, Rh), Palladium (Pd, Pt, Ir), Osmium (Os, Ir, Rh, Ru, Pt), Porpezit (Au, Pd), Rhodit (Au, Rh).

e) **schwarz: Graphit** C (zuw. mit etwas Fe, Cr, Si, Ca, Al); in der Pinzette in der O. Fl. langsam verbrennend; mit Salpeter erhitzt verpuffend (K_2CO_3); im K. bisweilen etwas Wasser gebend. Mit konz. HNO_3 erwärmt, oft wurmförmige Aufblähungen (Oxydation zu Graphit- und Mellitsäure). Mit Zinkkluppe in Kupfervitriollösung getaucht, überzieht sich Graphit sofort mit met. Kupfer. Von Säuren nicht angegriffen; Erhitzen mit $KClO_3$ und HNO_3.

VIII. Sonstige (meist mit Halbmetallglanz!):

a) **mit Kupfer:** Melaconit CuO, ferner „Kupferschwärze", Crednerit.

b) **mit Blei:** Plattnerit PbO_2.

c) **mit Mangan: Pyrolusit** MnO_2; im K. Sauerstoff abgebend, ein eingelegtes Kohlesplitterchen glüht weiter; von Glasflüssen unter Brausen gelöst. Beim Auflösen in HCl Chlorentwicklung, oft etwas SiO_2-Rückstand. Im K. kein oder nur Spuren Wasser gebend.

Manganit MnO·OH; im K. Wasser gebend; mit Borax oder Soda-Salpeterschmelze Manganreaktion; beim Kochen mit konz. HCl Chlorentwicklung.

ferner: Polianit MnO_2, Braunit Mn_2O_3, Hausmannit Mn_3O_4; Psilomelan Mn_3O_4 (unrein), Groroilith MnO_2 (unrein), Lithiophorit (ebenso), Asbolan (= Kobaltmanganerz), Crednerit (= Mangankupfererz) u. a. Wolframit (Fe, Mn)WO_4, Franklinit (Zn, Fe, Mn)(Fe, Mn)$_2O_4$.

d) **mit Eisen: Magnetit** Fe_3O_4 (oft mit etwas Mn, Si); v. d. L. sehr schwer schmelzbar; mit Soda in der Red. Fl. graues magnet. Pulver (Fe); mit Glasflüssen Fe-Reaktion. Von HCl langsam zersetzt; von $KHSO_4$-Schmelze sehr stark angegriffen unter Aufschäumen.

Hämatit Fe_2O_3 (zuw. mit etwas Cr, Ti); v. d. L. schwer schmelzbar; in der Red. Fl. magnetisch werdend; mit Soda Eisenpulver. In HCl langsam löslich.

Ilmenit $FeTiO_3$ (oft mit etwas Mg und Mn); v. d. L. sehr schwer schmelzbar; mit Glasflüssen Fe-Reaktion; mit Phosphorsalz in der Red. Fl. braunrot, bei Zinnzusatz violettrot (Ti). Von Säuren schwer zersetzt, leichter von $KHSO_4$-Schmelze.

Wolframit (Fe, Mn)WO_4; v. d. L. zu schwach magnetischer, grauer, oft kristalliner Kugel schmelzbar; mit Glasflüssen Fe- und Mn-Reaktion; mit Soda und Salpeter Manganschmelze. Durch K. W. zersetzbar; leichter durch Schmelzen mit $KHSO_4$, Na_2O_2.

Chromit (Fe, Cr)(Cr, Fe)$_2O_4$ (zuw. mit etwas Mn); v. d. L. unschmelzbar; in der Red. Fl. magnetisch werdend; von Glasflüssen langsam, aber vollkommen gelöst, Fe- und Cr-Reaktion. Mit Soda und Salpeter gelbe Chromatschmelze. Mit Reduktionsmitteln Eisenflitter. Von Säuren wenig angegriffen. Aufschließen durch Schmelzen mit Na_2O_2 u. a.

ferner: Franklinit (Zn, Fe, Mn)Fe_2O_4, Lievrit $(SiO_4)_2(FeOH)Fe_2Ca$, Tantalit $[(Ta, Nb)O_3]_2(Fe, Mn)$, Niobit $[(Nb, Ta)O_3]_2(Fe, Mn)$;

Fergusonit, Samarskit, Orthit, Uraninit, Perowskit, Polykras, Euxenit, Äschynit, Picotit, Hercynit, Änigmatit, basalt. Hornblende und Augit, Fayalit, Pseudobrookit, Rutil, Anatas, Kassiterit siehe B!

B. Ohne Metallglanz.

I. Verbrennend:

a) **mit Arsen: Realgar** AsS; v. d. L. sehr leicht schmelzend, mit blauer Flamme (SO_2) verbrennend, starker As-Geruch; im K. rotes Sublimat; im off. R. SO_2-Dämpfe und weißes krist. As_2O_3-Sublimat; im K. mit Cyankalium Arsenspiegel. In Alkalilaugen löslich; durch HNO_3 und K. W. zersetzt unter S-Abscheidung; von Bromlauge vollständig oxydiert.

ferner: Auripigment As_2S_3, Arsenolith As_2O_3, Claudetit As_2O_3.

b) **mit Antimon: Valentinit** Sb_2O_3; v. d. L. sehr leicht schmelzend, Antimonrauch, starker Beschlag auf Kohle; in der Red. Fl. metallisches Sb, das die Flamme grünlichblau färbt. In HCl l. l., mit Wasser weißer Niederschlag; durch Schwefelammon braunrot gefärbt und gelöst.

ferner: Senarmontit Sb_2O_3, Cervantit Sb_2O_4, Stiblith $Sb_2O_4 \cdot H_2O$, Pyrostibit Sb_2S_2O.

c) **mit Schwefel: Schwefel** S; v. d. L. mit blauer Flamme brennend, starker Geruch von SO_2; im K. sehr leicht schmelzend und bräunlich sublimierend (beim Erkalten wieder gelb werdend). Löslich in Schwefelkohlenstoff und Chlorschwefel.

ferner: Realgar AsS, Auripigment As_2S_3, Pyrostibit Sb_2S_2O, Zinnober HgS.

d) **mit Quecksilber: Zinnober** HgS; v. d. L., wenn rein, vollkommen flüchtig; im K. schwarzes Sublimat von HgS; mit Soda (auch Fe, Sn, Sb u. a. Metallen) erhitzt, met. Hg; Rückstand entwickelt mit HCl H_2S; beim Glühen mit Kohle (Ruß) Entwicklung von Schwefelkohlenstoff und Hg-Abscheidung; im off. R. SO_2 und Hg-Spiegel. Von K. W. heftig zersetzt, von konz. JH und BrH unter H_2S-Entwicklung gelöst.

ferner: Kalomel Hg_2Cl_2, Montroydit HgO, Eglestonit Hg_4OCl_2, Terlinguait Hg_2OCl, Kleinit $Hg_4O_3Cl_2$.

e) **mit Blei:** Cotunnit $PbCl_2$, Matlockit Pb_2OCl_2, Mendipit $Pb_3O_2Cl_2$, Penfieldit Pb_3OCl_4, Laurionit PbCl(OH), Fiedlerit $Pb_3(OH)_2Cl_4$, Phosgenit $(PbCl)_2CO_3$, Bleioxyd PbO, Mennige Pb_3O_4.

f) **mit Ammoniak:** Salmiak NH_4Cl, Mascagnin $(NH_4)_2SO_4$, Teschemacherit $(NH_4)HCO_3$.

g) **mit Chlor:** Halit NaCl, Sylvin KCl, Salmiak NH_4Cl (siehe B VI), sowie B I d und e z. T.

h) **mit brenzligem Geruch:** Bernstein $C_{40}H_{64}O_4$, Fichtelit $C_{18}H_{32}$, Hartit $C_{12}H_{20}$; Ozokerit, Elaterit, Rhetinit, Asphalt u. ä. Anthrazit, Steinkohle, Braunkohle (siehe B XI).

i) **sonstige:**
1. Selenschwefel (S, Se), Selenolith SeO_2.
2. Tellurit TeO_2.
3. Bismit Bi_2O_3.
4. Molybdit MoO_3.
5. Eis H_2O.
6. **Diamant** (siehe B IX).

II. Arsenate (Arsenite, Arsenide):

a) **verbrennend: Realgar** AsS, **Auripigment** As_2S_3, **Arsenolith** As_2O_3, Claudetit As_2O_3 (siehe B I).

b) **mit Kupfer: Olivenit** $AsO_4Cu(CuOH)$; v. d. L. leicht schmelzend; Arsengeruch; Schmelze beim Abkühlen kristallinisch erstarrend; mit Soda Kupferkorn. Im K. etwas Wasser gebend. In Säuren und Ammoniak löslich.

Tirolit $(AsO_4)_2Cu(CuOH)_4 \cdot 7\,H_2O$; v. d. L. dekrep. und zu stahlgrauer Perle schmelzend; Cu-Reaktion; im K. verknisternd, sich schwarz färbend, ziemlich viel Wasser gebend. Mit Red. Fl. oder Soda Kupferkorn. In Säuren löslich.

ferner: Klinoklas $AsO_4Cu(OH)_3$, Euchroit $AsO_4Cu(CuOH) \cdot 3\,H_2O$, Chalkophyllit $AsO_4(CuOH)_3Cu(OH)_2 \cdot 3\frac{1}{2}\,H_2O$, Erinit $(AsO_4)_2Cu(CuOH)_4$, Trichalcit $(AsO_4)_2Cu_3 \cdot 5\,H_2O$, Konichalcit $(As, P)O_4 \cdot CuOH \cdot (Cu, Ca) \cdot \frac{1}{4}H_2O$; Cornwallit $(AsO_4)_2Cu(CuOH)_4 \cdot 3\,H_2O$, Lirokonit $(AsO_4)_5Al_4Cu_9 \cdot (OH)_{15} \cdot 20\,H_2O$, Zeunerit (B II l), Mixit (B II h), Trippkeit $(AsO_3)_2Cu_3$.

c) **mit Silber: Proustit** Ag_3AsS_3 (oft mit etwas Sb); v. d. L. zur Kugel schmelzend, As- und SO_2-Geruch; in der O. Fl. oder mit Soda Silberkorn; im K. sehr leicht schmelzend, geringes Sublimat von As_2S_3; Pulver durch Erwärmen mit KOH sogleich schwarz werdend, Schwefelarsen wird ausgezogen. Von HNO_3 unter S-Abscheidung zersetzt.

ferner: Xanthokon Ag_3AsS_3.

d) **mit Blei: Mimetisit** $(AsO_4)_3Pb_5Cl$; v. d. L. schmelzend, unter lebhaftem Brausen und starkem Arsengeruch zu met. Blei reduziert; anfangs weißer Beschlag von $PbCl_2$, später von As_2O_3 und PbO. In HNO_3 und KOH löslich.

ferner: Kampylit $[(As, P)O_4]_3Pb_5Cl$, Hedyphan $(AsO_4)_3(Ca, Pb)_5Cl$, Endlichit $[(As, V)O_4]_3Pb_5Cl$, Heliophyllit $(AsO_3)_2(PbCl)_4Pb_2O$, Bayldonit $AsO_4(Cu, Pb)(CuOH) \cdot \frac{1}{2}\,H_2O$, Trigonit $(AsO_3)_3Pb_3MnH$.

e) **mit Kobalt: Erythrin** $Co_3(AsO_4)_2 \cdot 8\,H_2O$; v. d. L. Arsengeruch; in der Red. Fl. zu schwarzgrauer Kugel von Arsenkobalt schmelzend; im K. blau werdend und Wasser gebend, nach dem Abkühlen dunkelschmutzigviolett; mit Glasflüssen Co-Reaktion. Mit HCl blaugefärbte Lösung, die beim Verdünnen rosenrot wird.

ferner: Roselith $(AsO_4)_2(Ca, Co, Mg)_3 \cdot 2\,H_2O$.

f) **mit Nickel: Annabergit** $Ni_3(AsO_4)_2 \cdot 8\,H_2O$; v. d. L. leicht zu schwarzgrauer Kugel von Arsennickel schmelzend; Arsengeruch; im K. Wasser gebend und dunkler werdend. Mit Borax (oft zuerst schwache Co-, dann) Ni-Reaktion. In Säuren l. l.

ferner: Xanthiosit $As_2O_8Ni_3$, Aerugit $As_2O_{10}Ni_5$, Cabrerit $(AsO_4)_2(Ni \cdot Co, Mg)_3 \cdot \cdot 8\,H_2O$, Forbesit $AsO_4(Ni, Co)H \cdot 4\,H_2O$.

g) **mit Zink: Adamin** $AsO_4Zn(ZnOH)$, Köttigit $(AsO_4)_2Zn_3 \cdot 8\,H_2O$.

h) **mit Wismut:** Rhagit $(AsO_4)_6Bi(BiO)_9 \cdot 8\,H_2O$, Atelestit $AsO_4(BiO)_3 \cdot Bi\,2\,OH)$, Mixit $(AsO_4)_5BiCu_{10}(OH)_8 \cdot 7\,H_2O$, Walpurgin (B II l).

i) **mit Mangan:** Sarkinit $AsO_4Mn(MnOH)$, Flinkit $AsO_4Mn \cdot 2\,Mn(OH)_2$, Allaktit $(AsO_4)_2Mn_3 \cdot 4\,Mn(OH)_2$, Berzeliit $(AsO_4)_2(Ca, Mg, Mn)_3$, Hämafibrit

$AsO_4(MnOH)_3 \cdot H_2O$, Brandtit $(AsO_4)_2CaMn_2 \cdot 2H_2O$, Karyinit $(AsO_4)_2 \cdot (Mn, Ca, Pb)_3$, Synadelphit $2AsO_4(Mn, Al) \cdot 5Mn(OH)_2$, Hämatolith $AsO_4(Al, Mn) \cdot 4Mn(OH)_2$, Armangit $(AsO_3)_2Mn_3$.

k) **mit Eisen: Skorodit** $AsO_4Fe \cdot 2H_2O$; v. d. L. Arsengeruch; schmilzt in der Red. Fl. zu grauer, metallisch glänzender, magnetischer Schlacke; mit Glasflüssen Fe-Reaktion; im K. gelb werdend und Wasser gebend. In HCl mit brauner Farbe löslich; auch von Ammoniak zersetzt.

ferner: **Pharmakosiderit** $AsO_4Fe \cdot FeOH \cdot 5H_2O$, **Symplesit** $(AsO_4)_2Fe_3 \cdot 8H_2O$, **Arseniosiderit** $(AsO_4)_3Fe_4Ca_3(OH)_9$, Yukonit $(AsO_4)_2 \cdot Fe_3(OH)_6Ca_2 \cdot 5H_2O$, Pittizit $AsO_4Fe_2(OH)_3 \cdot 5H_2O$.

l) **mit Uran:** Troegerit $(AsO_4)_2(UO_2)_3 \cdot 12H_2O$, Uranospinit $(AsO_4)_2 \cdot (UO_2)_2Ca \cdot 8H_2O$, Zeunerit $(AsO_4)_2(UO_2)_2Cu \cdot 8H_2O$, Walpurgin $As_4O_{38} \cdot (UO_2)_3Bi_{10} \cdot 10H_2O$.

m) **mit Aluminium:** Durangit $AsO_4(AlF)Na$.

n) **mit Magnesium:** Hoernesit $(AsO_4)_2Mg_3 \cdot 8H_2O$, Rößlerit $AsO_4HMg \cdot 7H_2O$ sowie B I o z. T.

o) **mit Calcium:** Svabit $(AsO_4)_3Ca_5F$, **Haidingerit** $AsO_4HCa \cdot H_2O$, **Pharmakolith** $AsO_4HCa \cdot 2H_2O$, Adelit $AsO_4Ca(MgOH)$, Pikropharmakolith $(AsO_4)_2(Ca, Mg)_3 \cdot 6H_2O$, Wapplerit $AsO_4CaH \cdot 4H_2O$.

p) **mit Sulfat:** Beudantit $PbSO_4 \cdot FeAsO_4 \cdot (Fe\,2OH)_3$, Lossenit $Pb \cdot SO_4(AsO_4)_6(FeOH)_9 \cdot 12H_2O$, Lindackerit $SO_4(AsO_4)_4Ni_3Cu_6(OH)_4 \cdot 5H_2O$.

III. Phosphate:

a) **mit Kupfer: Libethenit** $PO_4Cu(CuOH)$; v. d. L. schwarz werdend und zur Kugel schmelzend; mit Glasflüssen Cu-Reaktion; mit Soda Kupferkorn; im K. sich schwarz färbend und Wasser gebend. In Säuren und Ammoniak löslich.

ferner: **Tagilit** $PO_4Cu(CuOH) \cdot H_2O$, **Dihydrit** $(PO_4)_2Cu(CuOH)_4$, Ehlit $(PO_4)_2Cu(CuOH)_4 \cdot H_2O$, **Phosphorchalcit** $PO_4(CuOH)_3$, Kalait $(PO_4)_4Al_2(AlO)_4(Cu, Fe) \cdot 9H_2O$, Cornetit $PO_4(Cu, Co)(CuOH)$; Torbernit (B III m).

b) **mit Blei: Pyromorphit** $(PO_4)_3ClPb_5$; v. d. L. leicht zur Kugel schmelzend, welche beim Abkühlen kristallin erstarrt; zuerst schwacher weißer Beschlag ($PbCl_2$), dann gelber (PbO); Flammenfärbung bläulich (Pb) bzw. grünlich (PO_4); im K. etwas weißes Sublimat ($PbCl_2$); mit Kupferoxyd azurblaue Fl.-Färbung (Cl!); mit Soda Bleikorn. L. l. in HNO_3, auch KOH.

ferner: Plumbogummit $P_2O_7(Al\,2OH)_3(PbOH)$.

c) **mit Zink:** Hopeit $(PO_4)_2Zn_3 \cdot 4H_2O$, Tarbuttit $(PO_4)Zn \cdot Zn(OH)$, Spencerit $PO_4Zn(ZnOH) \cdot 2H_2O$.

d) **mit Mangan: Triplit** $PO_4(Fe, Mn)[(Fe, Mn)F]$; v. d. L. leicht schmelzbar; mit Glasflüssen Fe- und Mn-Reaktion; bläulichgrüne Flammenfärbung (PO_4); mit Soda magnetische Flitter (Fe). In Säuren l. l.

ferner: **Triphylin** $PO_4Li(Mn, Fe)$, Lithiophilit PO_4MnLi, Natrophilit PO_4MnNa, Hureaulit $(PO_4)_4(Mn, Fe)_5H_2 \cdot H_2O$, Reddingit $(PO_4)_2Mn_3 \cdot 3H_2O$, Heterosit $(PO_4)(Mn, Fe) \cdot H_2O$, Stewartit $(PO_4)_2Mn_3 \cdot 4H_2O$, Graftonit $(PO_4)_2(Fe, Mn, Ca)_3$, Childrenit $PO_4Al(OH)_2(Fe, Mn) \cdot H_2O$.

e) **mit Eisen: Vivianit** $(PO_4)_2Fe_3 \cdot 8H_2O$; v. d. L. anschwellend und zu stahlgrauer Kugel schmelzend; im K. sich verfärbend und Wasser gebend; mit Soda magnetische Flitterchen; mit Glasflüssen Fe-Reaktion. In Säuren löslich, auch von KOH beim Kochen zersetzt.

ferner: Kraurit $PO_4Fe_2(OH)_3$, Strengit $PO_4Fe \cdot 2H_2O$, Eleonorit $(PO_4)_2(FeOH)_3 \cdot 2\frac{1}{2}H_2O$, Kakoxen $PO_4Fe_2(OH)_3 \cdot 4\frac{1}{2}H_2O$, Phosphosiderit $4PO_4Fe \cdot 7H_2O$, Koninckit $FePO_4 \cdot 3H_2O$, Borickit $(PO_4)_2Fe_4(OH)_6Ca \cdot 3H_2O$; Anapait $(PO_4)_2FeCa_2 \cdot 4H_2O$, sowie B III d!

f) **mit Aluminium: Wavellit** $(PO_4)_2(AlOH)_3 \cdot 5H_2O$; v. d. L. schwer und nur an den Rändern zu weißem Email schmelzbar; mit H_2SO_4 befeuchtet, blaugrüne Flammenfärbung (PO_4); zuw. schwache Fe- und Mn-Reaktion; mit Kobaltlösung geglüht, blaue Schmelze; im K. Wasser gebend. In Säuren löslich.

ferner: Evansit $PO_4Al_3(OH)_6 \cdot 6H_2O$, Peganit $PO_4Al_2(OH)_3 \cdot 1\frac{1}{2}H_2O$, Sphärit $(PO_4)_2Al_5(OH)_9 \cdot 12H_2O$, Gibbsit $PO_4Al \cdot 4H_2O$, Variscit $PO_4Al \cdot 2H_2O$, Berlinit $PO_4Al \cdot \frac{1}{4}H_2O$, Zepharovichit $PO_4Al \cdot 3H_2O$, Trolleit $(PO_4)_3Al_4(OH)_3$, Augelith $PO_4Al_2(OH)_3$, Lazulith $(PO_4)_2(AlOH)_2(Mg, Fe)$.

g) **mit Calcium: Apatit** $(PO_4)_3Ca_5Cl$; v. d. L. nur schwer in dünnen Splittern schmelzbar. Mit CuO-Perle azurblaue Flammenfärbung (Cl); mit Soda unter Brausen zu unschmelzbarer Masse anschwellend; von Borax und Phosphorsalz langsam zu klarem Glase gelöst. In NaCl-Schmelze l. l. Von Säuren leicht zersetzt.

ferner: Phosphorit (B III p), Monetit PO_4HCa, Monit-Kollophan $(PO_4)_2Ca_3 \cdot H_2O$, Brushit $PO_4CaH \cdot 2H_2O$, Martinit $(PO_4)_4Ca_5H_2\frac{1}{2}H_2O$, Isoklas $PO_4Ca(CaOH) \cdot 2H_2O$, Spodiosit $PO_4Ca(CaF)$.

h) **mit Magnesium:** Wagnerit $PO_4Mg(MgF)$, Newberyit $PO_4MgH \cdot 3H_2O$, Bobierrit $(PO_4)_2Mg_3 \cdot 8H_2O$; Struvit, Haunayit (B III l).

i) **mit Lithium:** Amblygonit $PO_4[Al(F, OH)]Li$; Lithiophilit, Triphyllin (B III d).

k) **mit Natrium:** Beryllonit (B III n), Natrophilit (B III d).

l) **mit Ammonium:** Struvit $PO_4Mg(NH_4) \cdot 6H_2O$; Stercorit $PO_4 \cdot (NH_4)NaH \cdot 4H_2O$; Hannayit $(PO_4)_4Mg_3(NH_4)_2H_4 \cdot 8H_2O$.

m) **mit Uran: Autunit** $(PO_4)_2(UO_2)_2Ca \cdot 8H_2O$; v. d. L. unter Anschwellen zu schwarzer Kugel schmelzend; von Borax und Phosphorsalz leicht zu klarem Glase gelöst, das in der O. Fl. dunkelgelb, in der Red. Fl. schön grün wird; von Soda nicht aufgelöst, eine gelbe, ungeschmolzene Schlacke bildend; wird im K. strohgelb, undurchsichtig und setzt Wasser ab. In Säuren löslich.

ferner: Torbernit $(PO_4)_2(UO_2)_2Cu \cdot 8H_2O$, Uranocircit $(PO_4)_2(UO_2)_2 \cdot Ba \cdot 8H_2O$, Phosphoruranylit $(PO_4)_2(UO_2)_3 \cdot 6H_2O$.

n) **mit Beryllium:** Beryllonit PO_4BeNa, Herderit $PO_4(Be[OH, F])Ca$.

o) **mit seltenen Erden: Monazit** $PO_4(Ce, La, Pr, Nd)$; v. d. L. unschmelzbar; mit H_2SO_4 befeuchtet die Flamme blaugrün färbend (PO_4); mit Glasflüssen heiß gelbrote, kalt farblose Perlen; oft schwache Ti-Reaktion; mit Soda-Salpeter bisweilen Mn-Reaktion; im K. unverändert. In HCl mit weißem Rückstande löslich.

ferner: **Xenotim** $PO_4(Y, Er, Yb, Ce)$, Rhabdophan $PO_4(Ce, La, Pr \cdot Nd, Y, Er, Yb) \cdot H_2O$, Florencit $PO_4(Al, Ce)_2(OH)_3$.

p) **mit Karbonat:** Dahllit $(PO_4)_4CO_3Ca_7 \cdot \frac{1}{2}H_2O$; **Phosphorit** $2Ca_3 \cdot (PO_4)_2 \cdot CaCO_3 \cdot H_2O$, Staffelit $(PO_4)_6CO_3Ca_9(CaF)_2 \cdot H_2O$.

q) **mit Sulfat:** Svanbergit $PO_4SO_4(Al\,2\,OH)_3Sr$, Diadochit $(PO_4)_2 \cdot (SO_4H)_2Fe_4O(OH)_2$, Hinsdalit $PO_4SO_4Pb(Al\,2\,OH)_3$, Korkit $PO_4SO_4Pb \cdot (Fe\,2\,OH)_3$.

r) **mit Bor:** Lüneburgit $(PO_4)_2Mg_3 \cdot 2\,B(OH)_3 \cdot 6\,H_2O$.

IV. Sulfate (Sulfide):

a) **verbrennend:** **Schwefel** S, **Realgar** AsS, **Auripigment** As_2S_3, **Zinnober** HgS, **Pyrostibit** Sb_2S_2O; Mascagnin $SO_4(NH_4)_2$.

b) **mit Kupfer: Covellin** CuS; v. d. L. mit blauer Flamme brennend, SO_2=Geruch, zur Kugel schmelzend, nach dem Abrösten Kupferkorn; im K. Sublimat von Schwefel, im off. R. SO_2=Dämpfe. In heißen Säuren unter S=Abscheidung löslich; auch in CNK, nicht in KOH oder Schwefelalkalien; aus Silbernitratlösung Schwefelsilber ausfällend.

ferner: **Chalkanthit** $SO_4Cu \cdot 5\,H_2O$, **Brochantit** $SO_4Cu_3Cu \cdot (OH)_2$, Arnimit $2\,SO_4Cu_3Cu(OH)_2 \cdot 3\,H_2O$, Pisanit $SO_4(Fe, Cu) \cdot 7\,H_2O$, Cupro=magnesit $SO_4(Cu, Mg) \cdot 7\,H_2O$, Kröhnkit $(SO_4)_2CuNa_2 \cdot 2\,H_2O$, Cyanochroit $(SO_4)_2CuK_2 \cdot 6\,H_2O$, Herrengrundit $SO_4Cu \cdot 3\,Cu(OH)_2SO_4Ca \cdot 3\,H_2O$, Lett=somit $SO_{11}Al_2Cu_4 \cdot 8\,H_2O$, Spangolith $SO_{10}ClAlCu_6 \cdot 9\,H_2O$, **Linarit** $SO_4[(Pb, Cu)OH]_2$, **Caledonit** $(SO_4)CO_3(Pb, Cu)(OH)$.

c) **mit Blei: Anglesit** SO_4Pb; v. d. L. in der O. Fl. zu klarer Perle schmelzend, die beim Erkalten milchweiß wird; in der Red. Fl. unter Brausen Bleikorn; mit Soda metall. Blei, während die Soda in die Kohle geht; im K. dekrepitierend. In Säuren schwer löslich, leicht in KOH.

ferner: Lanarkit $SO_4(Pb_2O)$, **Leadhillit** $SO_4(CO_3)_2Pb_2(PbOH)_2$, **Li=narit, Caledonit** (B VI b), Caracolit $SO_4Na_2Pb(OH)Cl$, Palmierit $(SO_4)_2 \cdot PbK_2$, Hokutolith $SO_4(Pb\,Ba)$.

d) **mit Zink: Sphalerit** ZnS (mit Spuren von Cd, Pb, Hg, Sn, zu=weilen Au, Ag, In, Ga, Tl); **Wurtzit** ZnS; v. d. L. unschmelzbar; auf Kohle (zuerst etwas rotbrauner AgO=, dann) in der Red Fl. ZnO=Beschlag; im Kölbchen bisw. heftig dekrep; nichts Flüchtiges, oft Farbenveränderung (Fe); im off. R. SO_2, Rückstand je nach Eisengehalt gelblich bis braunrot; mit Soda ZnO= (am Rande CdO=) Beschlag; mit Glasflüssen Fe=Reaktion. Von HNO_3 und heißer konz. HCl zersetzt; in Bromlauge löslich (Rückstand braunes Fe_2O_3); auch durch Salpeterschmelze völlig oxydierbar.

ferner: **Christophit** (Zn, Fe)S, **Goslarit** $SO_4Zn \cdot 7\,H_2O$, **Zinkalumi=nit** $S_2O_{25}Zn_6Al_6 \cdot 18\,H_2O$, Römerit (B IV i).

e) **mit Cadmium: Greenockit** CdS; v. d. L. allein oder mit Soda rötlich=brauner CdO=Beschlag; Heparreaktion; im K. karminrot werdend, beim Erkalten wieder ursprüngliche Farbe; dekrepit; im off. R. SO_2. In HCl löslich unter H_2S=Entwicklung, auch in HNO_3 und verd. kochender H_2SO_4.

f) **mit Kobalt:** Bieberit $SO_4Co \cdot 7H_2O$.

g) **mit Nickel:** Morenosit $SO_4Ni \cdot 7H_2O$.

h) **mit Mangan:** Hauerit MnS_2, Mallardit $SO_4Mn \cdot 7H_2O$, Szmikit $SO_4Mn \cdot H_2O$, Luckit $SO_4(Fe, Mn) \cdot 7H_2O$, Mn=Alaun $(SO_4)_4Al_2Mn \cdot 24H_2O$.

i) **mit Eisen: Melanterit** $SO_4Fe \cdot 7H_2O$; v. d. L. sich stark aufblähend, Umwandlung in FeS und Fe_2O_3 in der O. Fl., in Fe in der Red. Fl., leichter mit Soda; im K. Wasser gebend und SO_2. Löslich in Wasser.

ferner: Halotrichit (Eisenalaun) $(SO_4)_4Al_2Fe \cdot 24H_2O$, Jarosit $(SO_4)_2 \cdot (Fe2OH)_3(K, Na)$, Karphosiderit $(SO_4)_2(Fe2OH)_2H$, Copiapit $(SO_4)_3 \cdot (SO_4H)_2(FeOH)_4 \cdot 15H_2O$, Roemerit $(SO_4)_4Fe_2(Fe, Zn) \cdot 12H_2O$, Coquimbit $(SO_4)_3Fe_2 \cdot 9H_2O$, Voltait $(SO_4)_6Fe_2Fe_3 \cdot 9H_2O$, Ihleit $(SO_4)_3Fe_2 \cdot 12H_2O$, Botryogen $(SO_4)_2(FeOH)Mg \cdot 7H_2O$, Ferronatrit $(SO_4)_3FeNa_3 \cdot 3H_2O$, Quenstedtit $(SO_4)_3Fe_2 \cdot 10H_2O$, Fibroferrit $SO_4(FeOH) \cdot 4\frac{1}{2}H_2O$, Amarantit $SO_4Fe(OH) \cdot 3H_2O$, u. a. m.

k) **mit Quecksilber: Zinnober** HgS (siehe B I).

l) **mit Aluminium: Alunit** $(SO_4)_2(Al2OH)_3K$; v. d. L. mit Kobaltsolution geglüht schöne blaue Schmelze; im K. Wasser und SO_2 abgebend; von Glasflüssen klar und farblos gelöst; violette Flammenfärbung (K), Von HCl schwer, von H_2SO_4 und HNO_3 leicht gelöst.

ferner: Keramohalit $(SO_4)_3Al_2 \cdot 16H_2O$, Aluminit $SO_4Al_2(OH)_4 \cdot 7H_2O$, Löwigit $(SO_4)_2(Al2OH)_3K \cdot 1\frac{1}{2}H_2O$, Felsöbanyit $SO_4Al_2(OH)_4 \cdot 2Al(OH)_3 \cdot 5H_2O$, Paraaluminit $SO_4Al_2(OH)_4 \cdot 2Al(OH)_3 \cdot 10H_2O$; **Kalinit** $(SO_4)_2AlK \cdot 12H_2O$, Mendozit $(SO_4)_2AlNa \cdot 12H_2O$, Tschermigit $(SO_4)_2 \cdot Al(NH_4) \cdot 12H_2O$ u. a. „Alaune".

m) **mit Strontium: Cölestin** $SrSO_4$; v. d. L. in der O. Fl. zu milchweißer Kugel schmelzend; rote Flammenfärbung; in der Red. Fl. sich ausbreitend und schwer schmelzbare, hepatische Masse gebend (SrS); mit Soda klare Schmelze, die sich unter Brausen in die Kohle zieht; im K. dekrepit. Mit HCl und Alkohol intensiv rote Flamme. Von HCl wenig angegriffen, in heißer konz. H_2SO_4 löslich.

ferner: Barytocölestin $(Ba, Sr)SO_4$.

n) **mit Barium: Baryt** $BaSO_4$; v. d. L. nur an den Kanten schmelzend; gelblichgrüne Flammenfärbung; in der Red. Fl. zu BaS reduziert; mit Soda klare Schmelze, die unter Aufkochen in die Kohle eindringt; Heparreaktion. Von HCl nicht angegriffen, in heißer konz. H_2SO_4 völlig löslich. Durch Alkalikarbonat nicht zersetzbar.

ferner: Barytocölestin $(Ba, Sr)SO_4$.

o) **mit Calcium: Anhydrit** $CaSO_4$; v. d. L. schwer zu emailartiger Perle schmelzbar; gelbrote Flammenfärbung; in der Red. Fl. Reduktion zu CaS; Heparreaktion; von Borax zu klarem Glase gelöst, das bei Übersättigung kalt unklar wird; mit Soda auf Kohle bleibt unschmelzbares CaO zurück. In HCl sehr wenig, in konz. H_2SO_4 l. l. Von Alkalikarbonaten zersetzt.

Gips $CaSO_4 \cdot 2H_2O$; gibt im K. Wasser; sonst wie Anhydrit. In Säuren schwer löslich; von Sodalösung in Kalkkarbonat umgewandelt.

ferner: **Glauberit** $(SO_4)_2CaNa_2$, **Polyhalit** $(SO_4)_4Ca_2MgK_2 \cdot 2H_2O$, Syngenit $(SO_4)_2CaK_2 \cdot H_2O$, Krugit $(SO_4)_6Ca_4MgK_2 \cdot 2H_2O$.

p) **mit Magnesium**: Epsomit $SO_4Mg \cdot 7H_2O$, **Kieserit** $SO_4Mg \cdot H_2O$, **Blödit** $(SO_4)_2MgNa_2 \cdot 4H_2O$, Löweit $(SO_4)_2MgNa_2 \cdot 2\frac{1}{2}H_2O$, Langbeinit $(SO_4)_3Mg_2K_2$, Pikromerit $(SO_4)_2MgK_2 \cdot 6H_2O$, **Polyhalit** (B IV o), **Kainit** $SO_4Mg \cdot KCl \cdot 3H_2O$.

q) **mit Kalium**: **Glaserit** $(SO_4)_2K_3Na$, Arcanit $SO_4(K, Na)_2$.

ferner: Langbeinit, Syngenit, Pikromerit, Krugit, **Polyhalit**, **Kainit** (siehe B IV o und p); **Alunit**, **Kalinit**, Löwigit (siehe B IV l).

r) **mit Natrium**: **Thenardit** SO_4Na_2, **Mirabilit** $SO_4Na_2 \cdot 10H_2O$;

ferner: Glaserit, Arcanit (siehe B IV q); Glauberit (B IV o), Löweit, Blödit (B IV p), Mendozit (B IV l).

s) **mit Ammonium**: **Mascagnin** $SO_4(NH_4)_2$, Lecontit $SO_4(Na, NH_4)_2 \cdot 2H_2O$, Guanovulit $SO_4(K, NH_4)H \cdot H_2O$; Tschermigit B IV l).

t) **mit Karbonat**: Caledonit, Leadhillit (B VI c), Tychit $SO_4(CO_3)_4Mg_2 \cdot Na_6$, Hankfit $SO_4Na_2 \cdot CO_3Na_2$, Thaumasit $SiO_3CO_3SO_4Ca_3 \cdot 15H_2O$.

u) **mit Chlorid**: Kainit $SO_4Mg \cdot KCl \cdot 3H_2O$, Sulfohalit $3SO_4Na_2 \cdot 2NaCl$, Caracolit $SO_4Na_2 \cdot Pb(OH)Cl$, Chlorothionit $SO_4Cu \cdot 2KCl$.

v) **mit Nitrat**: Darapskit $SO_4Na_2 \cdot NO_3Na \cdot H_2O$.

w) **mit Bor**: Sulfoborit $4BO_3MgH \cdot 2SO_4Mg \cdot 7H_2O$.

x) **mit Silikat**: Helvin $(SiO_4)_3(Mn, Be, Fe)_7S$, **Danalith** $(SiO_4)_3 \cdot (Fe, Zn, Be, Mn)_7S$, Thaumasit $SiO_3CO_3SO_4Ca_3 \cdot 15H_2O$, **Nosean** $(SiO_4)_3 \cdot Al_2(AlSO_4Na)Na_4$, **Hauyn** $(SiO_4)_3Al_2(AlSO_4Na)CaNa_2$, **Lasurit** $(SiO_4)_3 \cdot Al_2(Al[SO_4Na, S_3Na, Cl])(Na_2 Ca)_2$, Davyn $Si_{24}O_{96}Al_{25}(SO_4Na, CO_3Na \cdot Cl)_{11}(Na_2, Ca, K_2)_{16}$.

V. Karbonate:

a) **mit Kupfer**: **Malachit** $CO_3(CuOH)_2$, **Azurit** $(CO_3)_2Cu(CuOH)_2$; v. d. L. schwarz werdend (CuO), zur Kugel schmelzend, bei starkem Feuer zu Kupfer reduziert; im K. Wasser gebend und schwarz werdend; mit Glasflüssen Cu-Reaktion. In Säuren unter Aufbrausen löslich, auch in Ammonsalzen und siedenden CNK.

ferner: **Aurichalcit** $CO_3[(Zn, Cu(OH]_2$, **Caledonit** (B IV b und c).

b) **mit Blei**: **Cerussit** CO_3Pb; v. d. L. für sich und mit Soda zu Blei reduziert; gelber PbO-Beschlag; im K. zerknisternd, dann CO_2-Abgabe, gelb werdend, bei stärkerem Erhitzen dunkelrot. In Glasflüssen unter Brausen löslich. Von verd. HNO_3 vollkommen gelöst.

ferner: **Phosgenit** $CO_3(PbCl)_2$, Hydrocerussit $(CO_3)_2Pb(PbOH)_2$, **Caledonit**, **Leadhillit** (B IV c); Iglesiasit $CO_3(Pb, Zn)$, Tarnowitzit $CO_3 \cdot (Ca, Pb)$.

c) **mit Zink**: **Smithsonit** CO_3Zn; v. d. L. für sich oder mit Soda ZnO-Beschlag (ev. auch rotbrauner CdO-Beschlag); im K. unter CO_2-Abgabe heiß gelb, kalt weiß werdend; bei viel **FeMn=Gehalt dunkel und magnetisch** werdend. In Glasflüssen unter Aufbrausen l. l.; ev. Fe= und Mn=Reaktion. In Säuren l. l.

ferner: **Hydrozinkit** $CO_3(ZnOH)_2$, Monheimit $CO_3(Zn, Fe)$, Iglesiasit $CO_3(Pb, Zn)$, **Aurichalcit** $CO_3[(Zn, Cu)OH]_2$.

d) **mit Cadmium:** Otavit $CO_3Cd \cdot 2\,Cd(OH)_2$.

e) **mit Wismut:** Bismutosphaerit $CO_3(BiO)_2$, **Wismutspat** $CO_3(BiO) \cdot Bi(OH)_2$, Basobismutit $CO_3(BiO)_4(OH)_2$.

f) **mit Kobalt:** Sphaerokobaltit CO_3Co.

g) **mit Nickel:** Zaratit $CO_3(NiOH)_2 \cdot Ni(OH)_2 \cdot 4\,H_2O$.

h) **mit Mangan: Rhodochrosit** CO_3Mn; v. d. L. grau bis schwarz werdend, ebenso im K. unter Entweichen von CO_2; oft heftig dekrepit; in Glasflüssen unter Aufbrausen l. l.; violette Boraxperle. In Säuren l. l.

ferner: Oligonit $CO_3(Fe, Mn)$, Ankerit $CO_3(Ca, Mg, Fe, Mn)$.

i) **mit Eisen: Siderit** CO_3Fe; v. d. L. schwarz und magnetisch werdend, schließlich Fe_3O_4; im K. bisw. dekrep., CO_2=Abgabe; mit Borax Fe=Reaktion; mit Soda=Salpeter zuweilen Mn=Reaktion. In Säuren löslich.

ferner: **Breunnerit** $CO_3(Mg, Fe)$, **Ankerit** $CO_3(Ca, Mg, Fe)$, Oligonit $CO_3(Fe, Mn)$, Monheimit $CO_3(Zn, Fe)$.

k) **mit Aluminium:** Dawsonit $CO_3Al(OH)_2Na$.

l) **mit Strontium: Strontianit** CO_3Sr; v. d. L. anschwellend, weiß leuchtend, purpurrote Flammenfärbung; mit Soda klare Schmelze, die in die Kohle geht. In Säuren l. l.

ferner: Calciostrontianit $CO_3(Sr, Ca)$, Ancylit $(CO_3)_2Sr(CeOH) \cdot H_2O$.

m) **mit Baryum: Witherit** CO_3Ba; v. d. L. leicht zur Perle schmelzend, gelblichgrüne Flammenfärbung; mit Soda klare Schmelze, die sich in die Kohle zieht. In HCl l. l.

ferner: Alstonit $CO_3(Ca, Ba)$, Barytocalcit $CO_3Ba \cdot CO_3Ca$.

n) **mit Calcium: Calcit** $CaCO_3$, **Aragonit** $CaCO_3$; v. d. L. unschmelzbar; gelbrote Flammenfärbung; nach dem Glühen mit Wasser befeuchtet alkalisch reagierend; im K. bisweilen dekrepit. In Glasflüssen unter Brausen löslich (mitunter Fe=, Mn=Reaktion); mit Soda anfangs schmelzend, dann unschmelzbarer leuchtender Rückstand (CaO), während die Soda in die Kohle geht. In verd. Säuren, auch Essigsäure, l. l.

ferner: **Dolomit** $CO_3(Ca, Mg)$, Gaylussit $(CO_3)_2CaNa_2 \cdot 5\,H_2O$, Pirssonit $(CO_3)_2CaNa_2 \cdot 2\,H_2O$.

o) **mit Magnesium: Magnesit** CO_3Mg; v. d. L. unschmelzbar, etwas zusammenschrumpfend (MgO); nach dem Glühen alkalisch reagierend; im K. CO_2. In verd. Säuren löslich.

ferner: **Hydromagnesit** $(CO_3)_3Mg_2(MgOH)_2 \cdot 3\,H_2O$, **Dolomit** $CO_3Ca \cdot CO_3Mg$, Nesquehonit $CO_3Mg \cdot 3\,H_2O$, Hydrogiobertit $CO_3(MgOH)_2 \cdot 2\,H_2O$, Lansfordit $(CO_3)_3Mg_2(MgOH)_2 \cdot 21\,H_2O$.

p) **mit Kalium:** Kalicinit CO_3KH.

q) **mit Natrium:** Thermonatrit $CO_3Na_2 \cdot H_2O$, Natrit $CO_3Na_2 \cdot 10\,H_2O$, Trona $(CO_3)_2Na_3H \cdot 2\,H_2O$.

r) **mit Ammonium:** Teschemacherit $CO_3(NH_4)H$.

s) **mit Uran:** Uranothallit $(CO_3)_4UCa_2 \cdot 10\,H_2O$; ähnlich Liebigit, Voglit (mit Cu), Schröckingerit, Randit; Rutherfordin CO_3UO_2.

t) **mit seltenen Erden:** Bastnäsit $CO_3{}^{\Gamma}(Ce, La, Pr, Nd)F]$, Parisit $(CO_3)_3[(Ce, La, Di)F]_2Ca$, Synchysit $(CO_3)_2CeFCa$, Lanthanit $(CO_3)_3La_2 \cdot 8\,H_2O$.

u) **mit Chlor:** Phosgenit (B V b), Northupit $(CO_3)_2MgNa_2 \cdot NaCl$;

v) **mit Silikat:** Cancrinit, Davyn (B X).

VI. Haloide:

a) **flüchtig:** Salmiak NH_4Cl, Halit NaCl, Sylvin KCl, Kalomel Hg_2Cl_2, Cotunnit $PbCl_2$.

b) **mit Kupfer: Atacamit** $Cu(OH)Cl \cdot Cu(OH)_2$; v. d. L. schmelzend, die Flamme azurblau färbend ($CuCl_2$); mit Soda Kupferkorn; im K. Wasser (und etwas HCl) gebend sowie ein graulichweißes Sublimat ($CuCl_2$); Rückstand CuO. Löslich in Säuren, auch Ammoniak und siedendem CNK.

ferner: Percylith $Cu(OH)Cl \cdot Pb(OH)Cl$; Nantockit Cu_2Cl_2, Marshit Cu_2J_2; Atelit $Cu_3(OH)_4Cl_2 \cdot H_2O$, Cuprojodargyrit (Ag, Cu)J.

c) **mit Silber: Kerargyrit** AgCl; v. d. L. sehr leicht zur Kugel schmelzend; in der Red. Fl. langsam, mit Soda sofort Silberkorn; mit CuO-Perle azurblaue Flammenfärbung ($CuCl_2$); im K. unzersetzt zu grauer Perle schmelzend; auf Zinkblech mit Wasser befeuchtet, anschwellend und schwarz werdend. Von Säuren wenig angegriffen; löslich in NH_3, CNK, $Na_2S_2O_3$, auch Salmiaklösung.

ferner: Bromargyrit AgBr, Jodyrit AgJ, Embolit Ag(Cl, Br), Jodembolit Ag(Br, J), Jodobromit Ag(Cl, Br, J), Miersit (Ag, Cu)J, Huantajayit (Na, Ag)Cl, Cuprojodargyrit (Ag, Cu)J.

d) **mit Blei:** Cotunnit $PbCl_2$, Matlockit Pb_2OCl_2, Mendipit $Pb_3O_2Cl_2$, Schwartzembergit (B VIII l), Penfieldit Pb_3OCl_4, Laurionit Pb(OH)Cl; Percylith (B VI b).

e) **mit Quecksilber:** Kalomel Hg_2Cl_2, Terlinguait Hg_2OCl, Eglestonit Hg_4OCl_2.

f) **mit Mangan:** Scacchit $MnCl_2$.

g) **mit Eisen:** Molysit $FeCl_3$, Douglasit $FeCl_2 \cdot 2\,KCl \cdot 2\,H_2O$, Erythrosiderit $FeCl_3 \cdot 2\,KCl \cdot H_2O$, Rinneït $FeCl_2 \cdot 3\,KCl \cdot NaCl$.

h) **mit Aluminium: Kryolith** $AlF_3 \cdot 3\,NaF$; v. d. L. sehr leicht schmelzend zu klarer Perle, die beim Erkalten emailartig weiß wird; nach längerem Blasen sich ausbreitend, NaF geht in die Kohle, erstickender F-Geruch entweicht, Al_2O_3 bleibt als Kruste zurück, die mit Kobaltlösung schön blau wird; im K. sublimiert AlF_3 bzw. NaF; im off. R. HF-Dampf. Von H_2SO_4 vollkommen gelöst unter HF-Entwicklung.

ferner: Fluellit $AlF_3 \cdot H_2O$, **Chiolith** $3 AlF_3 \cdot 5 NaF$, **Prosopit** $2 Al \cdot (F, OH)_3 \cdot CaF_2$, **Pachnolith** $AlF_3 \cdot NaCaF_3 \cdot H_2O$, **Thomsenolith** $AlF_3 \cdot NaCaF_3 \cdot H_2O$, Gearsukit $Al(F, OH)_3 \cdot CaF_2 \cdot H_2O$, Ralstonit $5 Al(F, OH)_3 \cdot MgF_2 NaF \cdot 2 H_2O$, Kryolithionit $AlF_3 \cdot 3(Li, Na)F$.

i) **mit seltenen Erden:** Tysonit = Fluocerit $(Ce, La, Pr, Nd)F_3$, **Yttrocerit** $(Y, Er, Ce)F_3 \cdot 5 CaF_2$, Yttriumcalciumfluorid $CaF_2 \cdot (Y, Er)F_3$.

k) **mit Magnesium:** Sellait MgF_2, Bischofit $MgCl_2 \cdot 6 H_2O$, **Carnallit** $MgCl_2 \cdot KCl \cdot 6 H_2O$, Tachyhydrit $2 MgCl_2 \cdot CaCl_2 \cdot 12 H_2O$, Nocerin $(Mg, Ca)_3OF_4$.

l) **mit Calcium: Fluorit** CaF_2; v. d. L. zur Kugel schmelzend, gelbrote Flammenfärbung; im K. oft dekrepit. und phosphoreszierend; von Borax, Phosphorsalz, Gips leicht zu klarer Perle schmelzend, die beim Abkühlen weiß wird. Mit Soda schwer schmelzbares Email gebend, während die Soda in die Kohle geht; im off. R. mit Phosphorglas erhitzt, HF entwickelnd. Von konz. H_2SO_4 vollständig gelöst bzw. zersetzt.

ferner: Chlorocalcit $CaCl_2$, Bäumlerit $CaCl_2 \cdot KCl$.

m) **mit Kalium: Sylvin** KCl; v. d. L. leicht schmelzend, verknisternd und verdampfend; violette Flammenfärbung. L. l. in Wasser.

n) **mit Natrium: Halit** $NaCl$; v. d. L. leicht schmelzend und verdampfend; gelbe Flammenfärbung; nach dem Glühen alkalisch reagierend; im K. verknisternd. L. l. in Wasser.

o) **mit Ammonium: Salmiak** NH_4Cl; v. d. L. sich leicht mit starkem Rauche verflüchtigend, ohne zu schmelzen; im K. bei raschem Erhitzen festes, glasiges bis faserig kristallines, bei langsamem lockeres Sublimat. Mit Soda, KOH, $Ca(OH)_2$ stechender Ammoniakgeruch. L. l. in Wasser.

p) **mit Bor:** Boracit $B_{16}O_{30}Cl_2Mg_7$.

q) **mit Silicium:** Hieratit SiF_6K_2, Kryptohalit $SiF_6(NH_4)_2$; Sodalith, Marialith, Dipyr, Mizzonit, Skapolith, Pyrosmalith, Friedelit (B X).

VII. Borate:

a) **mit Hydroxyl: Sassolin** $B(OH)_3$; v. d. L. leicht schmelzend; färbt die Flamme grün, besonders mit H_2SO_4, oder Schwefelsäure mit Alkohol, oder mit Glyzerin; im K. Wasser gebend (mitunter auch Ammoniak). In heißem Wasser l. l.; Lackmustinktur wird von wässeriger Lösung wein- bis zwiebelrot gefärbt, Curcumapapier nach dem Trocknen rotbraun.

b) **mit Mangan:** Pinakiolith $(MnO_2)(BO_2)(Mg, Mn)_2O$, Sussexit $BO_2 \cdot ([Mn, Mg, Zn]OH)$.

c) **mit Eisen:** Ludwigit $(FeO_2)(BO_2)Mg_2O$, **Eisenboracit** $B_{16}O_{30}Cl_2 \cdot (Mg, Fe)_7$, Bonsenit $B_3O_8Fe(Fe, Mg)_2$.

d) **mit Aluminium:** Jeremejewit $BO_2(AlO)$ } Rhodizit $B_{14}O_{39}Al_6 \cdot$
e) **mit Beryllium:** Hambergit $BO_3Be(BeOH)$ } $Be_7(K, Na, Li, H)_3$.

f) **mit Magnesium: Boracit** $B_{16}O_{30}Cl_2Mg_7$; v. d. L. unter Aufwallen zu weißer Perle schmelzend; grüne Flammenfärbung, besonders mit $KHSO_4$ oder Gips und Flußspat; mit Kobaltsolution geglüht violettrot; mit Borax, Phosphorsalz und Soda leicht zu klarem Glase schmelzend. In HCl schwer, aber vollkommen löslich.

ferner: Pinnoit $(BO_2)_2Mg \cdot 3\,H_2O$, Boromagnesit $4\,BO_2(MgOH)Mg(OH)_2$, Ascharit $3\,B_2O_5Mg_2 \cdot 2\,H_2O$; Hydroboracit $B_6O_{11}MgCa \cdot 6\,H_2O$, Kaliborit $B_{11}O_{20}Mg_2K \cdot 9\,H_2O$, Sulfoborit $4\,BO_3MgH \cdot 2\,SO_4Mg \cdot 7\,H_2O$.

g) **mit Calcium:** Ulexit $B_5O_9CaNa \cdot 8\,H_2O$, Pandermit $B_6O_{11}Ca_2 \cdot 3\,H_2O$, Colemanit $B_6O_{11}Ca_2 \cdot 5\,H_2O$, Hydroboracit $B_6O_{11}MgCa \cdot 6\,H_2O$, Inyoit $B_6O_{11}Ca_2 \cdot 13\,H_2O$, Meyerhofferit $B_6O_{11}Ca_2 \cdot 7\,H_2O$.

h) **mit Natrium: Borax** $B_4O_7Na_2 \cdot 10\,H_2O$; Ulexit (B VII g).

i) **mit Kalium:** Rhodizit $(BO_2)_3(AlO)_2K$, Kaliborit (B VII f).

k) **mit Ammonium:** Larderellit $B_8O_{13}(NH_4)_2 \cdot 4\,H_2O$.

l) **mit Phosphorsäure:** Lüneburgit (siehe B III r).

m) **mit Kieselsäure:** (siehe B X).

n) **mit Zinn:** (siehe B VIII m!)

VIII a) Nitrate:

Kaliumnitrat KNO_3; v. d. L. auf Kohle lebhaft verpuffend; am Platindraht die Flamme violett färbend; nach dem Schmelzen alkalisch reagierend. In Wasser löslich. Luftbeständig, nicht hygroskopisch.

ferner: Natriumnitrat NO_3Na, Nitrocalcit $(NO_3)_2Ca$, Nitromagnesit $(NO_3)_2Mg$, Bariumnitrat $(NO_3)_2Ba$, Gerhardtit $NO_3(CuOH)Cu(OH)_2$; Darapskit $NO_3Na \cdot SO_4Na_2 \cdot H_2O$.

b) Chromate:

Krokoit CrO_4Pb; v. d. L. schmelzend und sich ausbreitend, mit Kohle detonierend; Beschlag von PbO; Reduktion zu Blei und Cr_2O_3 (graugrün); im K. dekrepit. und vorübergehend dunkler werdend; von Glasflüssen in der O. Fl. ziemlich leicht aufgelöst, heiß gelblich, kalt grün, in der Red. Fl. dunkler grün; mit Soda Bleikorn, Soda in die Kohle gehend; auf Platinblech mit Soda gelbes Chromat. In HCl beim Kochen smaragdgrün löslich unter $PbCl_2$-Ausscheidung.

ferner: Laxmannit $(CrO_4)_2Pb(Pb_2O) \cdot (PO_4)_2(Pb, Cu)_3$, Vauquelinit $(CrO_4)_2(Pb, Cu)(Pb_2O)$, Phönicit $(CrO_4)_2Pb(Pb_2O)$, Jossait $CrO_4(Pb, Zn)$, Beresovit $(CrO_4)_3CO_3Pb_2(Pb_2O)_2$, Tarapacait CrO_4K_2, Dietzeit $8\,CrO_4Ca \cdot 7(JO_3)_2Ca$; **Picotit** $(Al, Cr, Fe)_2O_4(Fe, Mg)$, **Chromit** $(Cr, Fe)_2O_4(Fe, Cr)$; Magnochromit $(CrO_2)_2(Fe, Mg)$; mit Silicium siehe B X.

c) Molybdate:

Wulfenit MoO_4Pb; v. d. L. schmelzend, sich z. T. in die Kohle ziehend unter Ausscheidung von Blei; PbO-Beschlag; mit Soda Bleikorn; im K. dekrep., vorübergehend dunkler werdend; von Borax leicht zu klarem Glase gelöst, in der Red. Fl. undurchsichtig schwarz werdend, mit Phosphorsalz in der Red. Fl. dunkelgrün. Von Säuren zersetzt, auch in KOH und NaOH löslich.

ferner: Powellit MoO_4Ca, Belonesit MoO_4Mg, **Molybdit** MoO_3, Ferromolybdit $(MoO_4)_3Fe_2 \cdot 7\,H_2O$, Koechlinit $MoO_4(BiO)_2$.

d) Wolframate:

Scheelit WO_4Ca; v. d. L. nur an den Kanten schmelzbar; von Borax leicht aufgelöst; mit Phosphorsalz in der Red. Fl. blaues Glas; mit Soda aufgeschwollene weiße Schlacke. Von HNO_3 und HCl zersetzt, Rückstand zitronengelb (WO_3). Sodaschmelze im Platinlöffel gibt mit heißem Wasser ausgezogen Na_2WO_4, Rückstand CaO.

ferner: Cuprotungstit WO_4Cu, Cuproscheelit $WO_4(Ca, Cu)$, Raspit WO_4Pb, Stolzit WO_4Pb; Reinit WO_4Fe, Ferberit WO_4Fe, Hübnerit WO_4Mn, **Wolframit** $WO_4(Mn, Fe)$ (A VIII).

e) Vanadinate:

Vanadinit $(VO_4)_3Pb_5Cl$; v. d. L. leicht schmelzend, anfangs $PbCl_2$-, dann PbO-Beschlag; in der Red. Fl. Bleikorn; im K. dekrep. und weißes Sublimat ($PbCl_2$); in Borax und Phosphorsalz l. l., in der Red. Fl. kalt dunkelgrünes Glas. Mit Soda in der O. Fl. gelbe, kristallin erstarrende Masse. Cl-Reaktion. L. l. in HNO_3.

ferner: Vanadinocker V_2O_5, Pucherit VO_4Bi, **Descloizit** $VO_4(Pb, Zn) \cdot (PbOH)$, **Dechenit** V_2O_6Pb, Volborthit $VO_4(Cu, Ca)(CuOH)$, Brakebuschit $V_2O_8(Pb, Fe, Mn)_3 \cdot H_2O$; Carnotit $(VO_4)_2 \cdot (UO_2)_2K_2 \cdot 1\frac{1}{2} H_2O$, Ferghanit $(VO_4)_2U_3 \cdot 6 H_2O$, Pascoit $V_6O_{17}Ca_2 \cdot 11 H_2O$, Taranit $(VO_4)_2Cu \cdot (CuOH)_4$, Pintadoit $VO_4CaH \cdot 4 H_2O$.

f) Uranate:

Uraninit $(UO_3)_2U_3$; v. d. L. an den Kanten schmelzend, zuw. die Flamme bläulich färbend (Pb); im K. oft etwas Wasser gebend; mit Borax und Phosphorsalz Uranreaktion; von Soda nicht gelöst, in der Red. Fl. met. Blei und gelber PbO-Beschlag. (Mitunter auch Cu, Bi, S, As u. a. Verunreinigungen enthaltend.) In HNO_3 größtenteils zu gelber Flüssigkeit löslich, welche mit Ammoniak schwefelgelben Niederschlag gibt.

ferner: Uranosphärit $U_2O_7(BiO)_2 \cdot 3 H_2O$; Thorianit $(Th, U)O_2$; mit AsO_4: (B II); mit PO_4: (B III); mit SO_4: B IV; mit Vd: (B VIII e); mit SiO_4: (B X).

g) Niobate, Tantalate:

Tantalit $[(Ta, Nb)O_3]_2(Fe, Mn)$, **Niobit** $[(Nb, Ta)O_3]_2(Fe, Mn)$; v. d. L. unschmelzbar; im K. nichts Flüchtiges; von Borax und Phosphorsalz langsam gelöst, Fe- und Mn-Reaktion; mit Soda-Salpeter Manganschmelze; oft zinn-, z. T. wolframhaltig; Nachweis von Ta und Nb durch Schmelzen mit $KHSO_4$.

ferner: Fergusonit $(Nb, Ta)O_4(Y, Er, Yb, Ce)$, Sipylit NbO_4Er, Stibiotantalit $(Ta, Nb)O_4Sb$; **Mikrolith** $(Ta, Nb)_2O_7(Ca, Mn, Fe, Mg)_2$, Koppit $(Nb_2O_7)_3CeOCa_3(CaF)(Na, K)_4$, Hjelmit $Ta_2O_7(Ca, Fe, Mn)_2$; Yttrotantalit $[(Ta, Nb)_2O_7]_3(Y, Er)_4$, **Samarskit** $(Nb_2O_7)_3Y_4$, Annerödit $(Nb_2O_7)_3Y_2(UO_2, Ca, Fe, Pb)_3$, Tapiolit $[(Ta, Nb)O_3]_2(Fe, Mn)$, Mossit $[(Nb, Ta)O_3]_2(Fe, Mn)$. Mit SiO_2: siehe B X.

h) Antimonate (Antimonite):

Senarmontit Sb_2O_3, Valentinit Sb_2O_3 (B I); Cervantit SbO_4Sb, Stiblith $Sb_4Sb \cdot H_2O$; Romeit Sb_2O_4Ca, Monimolit $(SbO_4)_2Pb_3$, Mauzeliit $(SbO_4)_2Ca_3$, Atopit $(Sb_2O_7(Ca,Na_2,Fe,Mn)_2$, Melanostibian $(SbO_3)_2(Mn, Fe)_3 \cdot 3(Mn, Fe)O$, Nadorit $SbO_2(PbCl)$, Ochrolith $(SbO_3)_2(PbCl)_4Pb_2O$, Thrombolith $Sb_2O_6Cu_3 \cdot 6\,H_2O$, Manganostibiit $(SbO_4)_2Mn_2$, Hämatostibiit $(SbO_4)_2 \cdot (Mn, Fe)_3$, Tripuhyit $Sb_2O_7Fe_2$, Schneebergit $SbO_4SbO \cdot Ca_2O$.

i) Selenite:

Selenolith SeO_2, Chalkomenit $SeO_3Cu \cdot 2\,H_2O$, Molybdomenit $SeO_3 \cdot (Pb, Cu) \cdot H_2O$, Kobaltomenit $SeO_3Co \cdot H_2O$, Kerstenit $SeO_3(Pb, Cu) \cdot H_2O$.

k) Tellurite:

Tellurit TeO_2; Emmonsit $(TeO_3)_3Fe_2 \cdot n\,H_2O$, Magnolit TeO_4Hg_2, Durdenit $(TeO_3)_3Fe_2 \cdot 4\,H_2O$, Ferrotellurit TeO_4Fe, Montanit $TeO_4 \cdot (Bi\,2\,OH)_2$.

l) Jodate:

Lautarit J_2O_6Ca; Dietzeit $8\,CrO_4Ca \cdot 7(JO_3)_2Ca$, Schwartzembergit $(JO_3)_2Pb \cdot 3(Pb_2O_2Cl_2)$.

m) Stannate:

Kassiterit SnO_2, Nordenskjöldin $SnO_4(BO)_2Ca$, Stockesit $(Si, Sn)_4 \cdot O_{11}CaH_4$, Hulsit $B_6SnFe_4O_{31}(Fe, Mg)_{12}H_4$.

IX. Oxyde, Hydroxyde, Aluminate, Elemente:

a) flüchtig: Montroydit HgO, Bismit Bi_2O_3, **Valentinit** und Senarmontit Sb_2O_3, **Arsenolith** und Claudetit As_2O_3, Selenolith SeO_2, **Tellurit** TeO_2, **Molybdit** MoO_3, Cadmit CdO; Schwefel S.

b) **mit Kupfer: Cuprit** Cu_2O; v. d. L. schwarz werdend und ruhig schmelzend, in der Red. Fl. Kupferkorn; smaragdgrüne Flammenfärbung, mit HCl befeuchtet azurblau; mit Glasflüssen Cu-Reaktion. Löslich in Säuren, Ammoniak und siedender CNK-Lösung.

ferner: Namaqualit $2\,Cu(OH)_2Al(OH)_3 \cdot 2\,H_2O$, Hydrocuprit Cu(OH).

c) **mit Blei:** Bleioxyd PbO, Mennige Pb_3O_4.

d) **mit Zink: Zinkit** (Zn, Mn)O; v. d. L. unschmelzbar; auf Kohle ZnO-Beschlag, leichter mit Soda; im K. vorübergehend schwarz werdend; mit Glasflüssen Mn-Reaktion. In Säuren, auch Essigsäure, ohne Brausen löslich.

ferner: Gahnit $(Zn, Fe)(AlO_2)_2$, Dysluit $(Al, Fe)_2O_4(Zn, Mn)$; **Franklinit** $(FeO_2)_2(Fe, Mn, Zn)$ siehe A VIII.

e) **mit Mangan:** Manganosit MnO, Pyrochroit = Bäckströmit $Mn \cdot (OH)_2$, Manganbrucit $(Mg, Mn)(OH)_2$; Jacobsit $(Fe, Mn)_2O_4Mn$, Manganomagnetit $(Fe, Mn)_2O_4(Mn, Fe)$, Manganspinell $(Fe, Mn)_2O_4(Mn, Mg)$.

ferner: Dysluit, Franklinit, Gahnit siehe B IX d.

f) **mit Nickel:** Bunsenit NiO.

g) **mit Eisen: Roteisenstein** Fe_2O_3; v. d. L. unschmelzbar; in der Red. Fl. schwarz und magnetisch werdend; mit Soda graue, magnetische Fe-Flitter; mit Borax Eisenreaktion. In konz. HCl langsam löslich.

Limonit $Fe_4O_3(OH)_6$; v. d. L. schwer schmelzend, magnetisch werdend; im K. Wasser gebend und rot werdend. In HCl löslich, ev. mit SiO_2-Rückstand; häufig mit Mn, Al, auch PO_4.

Goethit $FeO \cdot OH$; v. d. L. sehr schwer schmelzbar; in der O. Fl. braunrot, in der Red. Fl. schwarz und magnetisch werdend; mit Glasflüssen Fe- (manchmal auch Mn-) Reaktion; im K. unter Wasserabgabe rot werdend (Fe_2O_3). In konz. HCl langsam löslich, leichter in HNO_3 (oft mit etwas SiO_2-Rückstand).

ferner: Eisenbrucit $(Mg, Fe)(OH)_2$, Pyroaurit $Fe(OH)_3 \cdot 3\,Mg(OH)_2 \cdot 3\,H_2O$, Hercynit $Al_2O_4(Fe, Mg)$, Pleonast $(Al, Fe)_2O_4(Mg, Fe)$.

h) **mit Zinn: Kassiterit** SnO_2; v. d. L. mit Soda oder Cyankalium metallische Zinnflitter.

i) **mit Aluminium: Korund** Al_2O_3; v. d. L. unverändert; in Borax und Phosphorsalz langsam zu klarem Glase gelöst (ev. mit Fe-Reaktion); von Soda nicht angegriffen; feines Pulver mit Kobaltnitrat geglüht schön blau. Mit $KHSO_4$ leicht zu wasserlöslicher Masse schmelzbar; von Phosphorsäure beim Erhitzen vollkommen aufgelöst.

Diaspor $AlO \cdot OH$; v. d. L. unschmelzbar; mit Kobaltlösung blaue Schmelze; im K. dekrep., bei Rotglut Wasser abgebend. Von Säuren und KOH unangreifbar; nach starkem Glühen in H_2SO_4 löslich.

ferner: Hydrargillit $Al(OH)_3$, Beauxit $Al_2O(OH)_4$, Spinell $(AlO)_2 \cdot Mg$, Chrysoberyll $(AlO_2)_2Be$, Hydrotalkit $Al(OH)_3 \cdot 3\,Mg(OH)_2 \cdot 3\,H_2O$.

k) **mit Magnesium: Brucit** $Mg(OH)_2$; v. d. L. unschmelzbar, mit hellem Licht aufglühend; mit Kobaltlösung fleischrot werdend; nach dem Glühen alkalisch reagierend; im K. unter Wasserabgabe undurchsichtig und zerreiblich weich werdend; bei Fe-Gehalt durch Glühen braun, bei Mn-Gehalt dunkelbraun werdend. In Säuren ohne Brausen löslich.

Spinell $MgAl_2O_4$; v. d. L. unschmelzbar; Pulver nach dem Glühen alkalisch reagierend; mit Borax (je nach Eisengehalt smaragdgrünes) klares Glas. Aufschließbar durch $KHSO_4$-Schmelze. In HF langsam löslich.

ferner: Periklas MgO, Hydrotalkit $3\,Mg(OH)_2 \cdot Al(OH)_3 \cdot 3\,H_2O$.

l) **mit Beryllium: Chrysoberyll** $(AlO_2)_2Be$; v. d. L. unschmelzbar; mit Kobaltlösung geglüht, blau werdend; in KOH- oder $KHSO_4$-Schmelze löslich. Von Säuren nicht angegriffen.

m) **mit Titan: Rutil, Anatas, Brookit** TiO_2; v. d. L. unschmelzbar; von Borax und Phosphorsalz leicht zu klarem Glase gelöst; in der O. Fl. heiß gelb, kalt farblos; in der Red. Fl. mit Borax dunkelgelb bis braun, mit Phosphorsalz kalt schön violett; bei Eisengehalt braunrot, auf Kohle mit Zinn behandelt, ebenfalls violett. Mit Soda-Salpeter bisweilen Mn-Reaktion. Aufschließen mit KOH- oder $KHSO_4$-Schmelze.

n) **mit Zirkonium: Zirkon** $ZrO_2 \cdot SiO_2$; v. d. L. unschmelzbar; rote und braune Varietäten brennen sich farblos, weiß bis gelblich; von Borax schwer zu klarem Glase gelöst, von Phosphorsalz nicht angegriffen. Aufschließbar durch Schmelzen mit KOH oder Soda und Borax.

ferner: Baddeleyit ZrO_2, Malakon = $ZrSiO_4 \cdot H_2O$.

o) **mit Thorium: Thorit** $ThSiO_4$; v. d. L. unschmelzbar; im K. etwas Wasser abgebend und braunrot werdend (Fe-Gehalt!); von Borax leicht aufgelöst (gelb von Fe); von Phosphorsalz gelöst mit Kieselskelett; mit Soda auf Kohle gelbbraune Schlacke, wobei SiO_2 gelöst wird. Von HCl mit SiO_2-Gallertbildung zersetzt.

ferner: Uranothorit $ThO_2 \cdot UO_2 \cdot SiO_2$, Thorianit $(Th, U)O_2$, Thorogummit $2 ThSiO_4 \cdot UO_3 \cdot 2 H_2O$.

p) **mit Silicium: Quarz, Tridymit**, Cristobalit SiO_2; v. d. L. unschmelzbar; mit Soda leicht unter Brausen zu klarem Glase schmelzend; in Borax schwer, in Phosphorsalz nicht löslich; auch in KOH-Schmelze löslich. Von HF gelöst.

Opal $SiO_2 \cdot n H_2O$; v. d. L. unschmelzbar, undurchsichtig, bei Fe-Gehalt rot werdend; mit Soda unter Brausen klares Glas; im K. meist dekrep. und Wasser gebend. L. l. in HF; auch in heißer HCl oder KOH.

ferner: **Chalcedon** SiO_2.

q) **sonstige:** Tungstit WO_3, Sassolin $B(OH)_3$. Lambertit UO_3.

Diamant C; v. d. L. unverändert, in dünnen Splittern oder als Pulver in der O. Fl. langsam verbrennend. Durch Kaliumbichromat und Schwefelsäure zu CO_2 oxydiert.

X. Silikate.

1. Hydrosilikate (Zeolithe):

a) **mit Mangan:** Inesit $Si_3O_8(Mn, Ca)(MnOH)_2 \cdot H_2O$, Ganophyllit $(SiO_3)_8(AlO)_2Mn_7 \cdot 6 H_2O$, Agnolith $(SiO_3)_4Mn_3H_2 \cdot H_2O$, Penwithit $SiO_3Mn \cdot 2 H_2O$, Polyhydrit $(SiO_3)_4(Fe, Al)_2(Ca, Mn)_3 \cdot 6 H_2O$.

b) **mit Eisen:** Groddeckit $(SiO_3)_4Al_2(Fe, Mg, Ca, Na_2) \cdot 6 H_2O$, Webskyit $SiO_3(Mg, Fe) \cdot 3 H_2O$, Poechit $Si_3O_{21}Fe_8Mn_2 \cdot 8 H_2O$.

ferner zahlreiche Varietäten von Heulandit, Chabasit, Desmin, Natrolith (z. B. Krokalith), Gmelinit, Laumontit, Apophyllit.

c) **mit Strontium:** Brewsterit $(SiO_3)_6Al_2(Sr, Ba) H_4 \cdot 3 H_2O$, Heulandit $(SiO_3)_6Al_2(Ca, Sr)H_4 \cdot 3 H_2O$; Wellsit z. T. (X 1 d).

d) **mit Barium: Harmotom** $(SiO_3)_5Al_2(Ba, Ca, Na_2, K_2)H_2 \cdot 4 H_2O$; v. d. L. schwer, aber ruhig zu durchscheinender Kugel schmelzend; im K. unter Wasserabgabe matt bis milchglasartig werdend; manchmal beim Erhitzen phosphoreszierend. Von HCl zersetzt unter Abscheidung pulveriger SiO_2; Lösung gibt mit H_2SO_4 Niederschlag ($BaSO_4$).

ferner: Edingtonit $(SiO_3)_3AlBa(Al 2 OH) \cdot 2 H_2O$, Haydenit = Ba-Chabasit; Brewsterit (X 1 d), Wellsit $Si_3O_{10}Al_2(Ca, Ba, Sr, K_2, Na_2) \cdot 3 H_2O$.

e) **mit Calcium: Skolezit** $(SiO_3)_3AlCa(Al 2 OH) \cdot 2 H_2O$; v. d. L. unter Krümmen zu blasigem Email schmelzend; im K. matt und undurchsichtig werdend. Mit HCl gelatinierend; nach dem Betupfen mit H_2SO_4 Gipskristalle zeigend.

Laumontit $(Si_2O_6)_2Ca(Al\,2\,OH)_2 \cdot 2\,H_2O$; v. d. L. ziemlich schwer, in der Pinzette ruhig oder unter Anschwellen und Schäumen zu porzellanartigem weißem Glase schmelzend. Mit HCl Gallertbildung.

ferner: **Gismondin** $(SiO_4)_2Al_2Ca \cdot 3\,H_2O$, Okenit $(SiO_3)_2CaH_2 \cdot H_2O$, Epistilbit $(SiO_3)_{11}Al_4Ca_2H_6 \cdot 7\,H_2O$, Bavenit $(SiO_3)_6Al_2Ca_3 \cdot H_2O$, Plombierit $SiO_3Ca \cdot 2\,H_2O$, Zeophyllit $(SiO_3)_3Ca_2(CaF)_2 \cdot 2\,H_2O$.

f) **mit Calcium-Natrium: Thomsonit** $(SiO_4)_2Al_2(Ca, Na_2) \cdot 2\frac{1}{2}H_2O$; v. d. L. unter Anschwellen zu blasigem, weißem Glase schmelzend; im K. matt werdend. Schmelze kristallin erstarrend (als Plagioklas); Pulver stark alkalisch reagierend. Mit HCl gelatinierend.

ferner: **Mesolith** $(SiO_3)_6Al_2(Ca, Na_2)(Al\,2\,OH)(AlO) \cdot 4\,H_2O$, Galaktit $(SiO_3)_3Al(Ca, Na_2)(AlO) \cdot 2\,H_2O$, Faujasit $(SiO_3)_5Al_2(Ca, Na_2)H_2 \cdot 9\,H_2O$, Gmelinit $(SiO_3)_4Al_2(Na_2, Ca) \cdot 6\,H_2O$; sowie g); auch e) und h) z. T.

g) **mit Calcium-Natrium-Kalium: Chabasit** $(SiO_3)_4Al_2(Ca, Na_2, K_2) \cdot 6\,H_2O$; v. d. L. unter Anschwellen und Schäumen ziemlich schwer zu blasigem, opalartigem Glase schmelzend; im K. rissig werdend, aber klar bleibend. Mit HCl gelatinierend, nach dem Schmelzen nicht mehr zersetzbar.

Desmin $Si_6O_{16}Al_2(Ca, Na_2, K_2) \cdot 6\,H_2O$; v. d. L. unter Aufblättern, Anschwellen und Krümmen zu weißem, blasigem Glase schmelzend; im K. matt und undurchsichtig werdend. Von HCl zersetzt (ohne eigentliche Gallertbildung).

Phillipsit $(SiO_3)_5Al_2(Ca, Na_2, K_2)H_2 \cdot 4\,H_2O$; v. d. L. zu weißem Glase schmelzend; im K. matt und milchglasartig werdend. Von HCl zersetzt; mie H_2SO_4 kein Niederschlag.

ferner: Levyn $Si_3O_{10}Al_2(Ca, Na_2, K_2) \cdot 5\,H_2O$, Mordenit $Si_{10}O_{24}Al_2 \cdot (Ca, Na_2, K_2) \cdot 7\,H_2O$, Ferrierit $(Si_2O_5)_5Al_2(Mg, Na_2, H_2)_2 \cdot 6\,H_2O$.

h) **mit Natrium: Natrolith** $(SiO_3)_3AlNa_2(AlO) \cdot 2\,H_2O$; v. d. L. leicht und ruhig zu farblosem, blasenfreiem Glase schmelzend; gelbe Flammenfärbung; im K. matt und undurchsichtig werdend. Mit HCl gelatinierend.

Analcim $(SiO_3)_2AlNa \cdot H_2O$; v. d. L. zu farblosem Glase schmelzend; gelbe Flammenfärbung; im K. Wasser gebend, aber fest und glänzend bleibend. Mit HCl gelatinierend.

ferner: Gmelinit $(SiO_3)_4Al_2(Na_2, Ca) \cdot 6\,H_2O$, Hydronephelit $(SiO_4)_3Al_3 \cdot Na_2H \cdot 3\,H_2O$; sowie f) und g) und e).

i) **mit Kalium: Apophyllit** $(SiO_3)_8KCa_4H_7 \cdot 4\frac{1}{2}\,H_2O$; v. d. L. unter Aufblättern leicht zu weißem blasigem Email schmelzend, auf Kohle zu klarer Kugel; violette Flammenfärbung; im K. matt werdend; bisweilen F-Reaktion. Pulver vor und nach dem Glühen stark alkalisch reagierend. Von HCl leicht zersetzt mit schleimigem SiO_2-Rückstand.

k) **sonstige** mit Wassergehalt: Prehnit $(SiO_4)_3Al_2Ca_2H_2$, Antigorit $Si_2O_9Mg_3H_4$, Chrysotil $Si_2O_9Mg_3H_4$, Talk $Si_4O_{12}Mg_3H_2$ = Steatit = Sepiolith, Kaolinit $Si_2O_9Al_2H_4$, Nontronit $Si_2O_9Fe_2H_4$, Pyrophyllit $Si_4O_{12}Al_2H_2$, Allophan $SiO_5Al_2 \cdot H_2O$ u. a. m. siehe X 2!

2. Silikate:

I. **mit Kupfer: Dioptas** SiO_4CuH_2; v. d. L. in der Red. Fl. schwarz, in der O. Fl. rot werdend, ohne zu schmelzen; grüne Flammenfärbung; mit

Soda Cu-Korn und unter Brausen Glasbildung; im K. unter Wasserabgabe schwarz werdend; mit HCl und HNO_3 gelatinierend; löslich in Ammoniak und Ammonkarbonat mit Abscheidung flockiger SiO_2.

Chrysokoll $SiO_4CuH_2 \cdot H_2O$ bzw. $Si_2O_8Al_2Cu \cdot 2H_2O$; v. d. L. unschmelzbar, grüne Flammenfärbung; mit Soda farbloses Glas und met. Kupfer; im K. Wasser; mit Borax Cu-Reaktion. Durch Säuren zersetzbar mit Ausscheidung pulveriger SiO_2.

ferner: Shattukit $Si_2O_7Cu_2H_2$, Plancheit $Si_5O_{18}Cu_6H_4$.

II. **mit Wismut:** Eulytin $Bi_4(SiO_4)_3$, Agricolit $Bi_4(SiO_4)_3$, Bismutoferrit = Hypochlorit $Bi_2Fe_4Si_4O_{17}$.

III. **mit Blei:** Kentrolith $Si_2O_7Pb_2(MnO)_2$, Melanotekit $Si_2O_7Pb_2(FeO)_2$, Ganomalith $(Si_2O_7)_3Ca_4Pb_4(PbOH)_2$, Nasonit $(Si_2O_7)_3Pb_4(PbCl)_2Ca_4$, Barysilit $Si_2O_7Pb_3$, Alamosit SiO_3Pb, Molybdophyllit $SiO_4(Mg, Pb)[(Mg, Pb) \cdot OH]_2$, Margarosanit $(SiO_3)_3Ca_2Pb$.

IV. **mit Zink: Calamin** $(ZnOH)_2SiO_3$; v. d. L. schwer schmelzbar; auf Kohle unter Aufblähen und lebhaftem grünem Leuchten an den Kanten schmelzend; mit Soda Zinkbeschlag; im K. dekrep. und unter Wasserabgabe weiß werdend; mit Borax zu klarem, kalt trübem Glase schmelzbar. In Säuren, sogar Essigsäure, unter Gallertbildung löslich; auch in konz. KOH.

ferner: **Willemit** SiO_4Zn_2, Troostit $SiO_4(Zn, Mn, Fe)_2$, Röpperit $SiO_4(Fe, Mn, Zn, Mg)_2$, Klinoedrit $SiO_3(ZnOH)(CaOH)$, Jeffersonit $(SiO_3)_2 \cdot (Mg, Fe, Zn)(Ca, Mn)$, Fowlerit $(SiO_3)(Mn, Fe, Ca, Zn, Mg)$, Hardystonit $Si_2O_7ZnCa_2$, **Danalith** $(SiO_4)_3(Fe, Zn, Be, Mn)_7S$.

V. **mit Nickel: Garnierit** $SiO_3(Ni, Mg)$; v. d. L. schwer schmelzbar; im K. Wasser gebend und sich dunkelgrün bis schwarz färbend; in Borax ziemlich l. l. (Ni-Reaktion), ebenso in Phosphorsalz (Kieselskelett); mit Soda in der Red. Fl. magnetische Nickelflitter.

ferner: Genthit $Si_3O_8(Mg, Ni)_2 \cdot n H_2O$, Röttisit = Konarit $Si_3O_{10}Ni_2H_4$, Nickelgymnit $Si_3O_{12}(Mg, Ni)_4 \cdot 4H_2O$, Rewdanskit $Si_2O_7(Ni, Mg, Fe)_3 \cdot n H_2O$, Nepouit $Si_2O_9(Mg, Ni)_3H_4$.

VI. **mit Chrom: Uwarowit** $(SiO_4)_3Cr_2Ca_3$; v. d. L. unschmelzbar; mit Borax, Phosphorsalz oder Soda-Salpeter Chromreaktion.

ferner: **Fuchsit** $(SiO_4)_3(Al, Cr)_3KH_2$; ähnlich Avalit; **Kämmererit** $Si_3O_{18}(Al, Cr)_2Mg_5H_8$, Kotschubeyit $Si_3O_{18}(Al, Cr)_2Mg_5H_8$, Rhodochrom $Si_4O_{20}(Al, Cr)_2Mg_6H_8$; Wolchonskoit $Si_4O_{12}(Al, Cr)_2H_2$, ähnlich Chromocker, Miloschin, Selwynit; außerdem mancher Zoisit, Turmalin, Chromdiopsid.

VII. **mit Uran: Uranotil** $Si_2U_2O_{11}Ca \cdot 5H_2O$; ähnlich Uranophan; Gummit $SiU_3O_{12}(Pb, Ca, Ba) \cdot 5H_2O$; ähnlich Eliasit, Pittinit, Coracit.

VIII. **mit Bor: Datolith** $SiO_4Ca(BOH)$; v. d. L. unter Aufblähen zu klarem Glase schmelzbar; grüne Flammenfärbung; beim Glühen im K. Wasser gebend; Pulver vor dem Glühen stark alkalisch reagierend. Von HCl unter Gallertbildung zersetzt.

Axinit $(SiO_4)_3B_2Al_4(Ca, Fe, Mg, Mn, H_2)_7$; v. d. L. unter Aufblähen zu dunkelgrünem, in der O. Fl. schwarz werdendem Glase schmelzbar; Grünfärbung der Flamme, besonders mit $KHSO_4$ und CaF_2; Pulver kräftig alkalisch reagierend. Von Säuren kaum angegriffen; nach dem Schmelzen von HCl unter Gallertbildung zersetzt.

Turmalin $(SiO_4)_2(AlO \cdot BO)[(AlO)_2, Mg, Fe, Na_2, Li_2, H_2]_3$; v. d. L. schmelzen die eisenarmen und magnesiareichen ziemlich leicht zu weißem, blasigem Email, die eisenreicheren schmelzen oder sintern zu bräunlicher bis schwarzer Schlacke, die hellgefärbten und farblosen (besonders die roten Li-Turmaline) sind ziemlich unschmelzbar und werden nur porzellanartig. Mit Fluorit und $KHSO_4$ grüne Flammenfärbung. Vor dem Glühen durch Säuren unangreifbar, nachher von HF zersetzt.

ferner: **Danburit** $(SiO_4)_2B_2Ca$, **Homilit** $[SiO_4Ca(BO)]_2Fe$, Howlith $SiB_5O_9(OH)_5Ca_2$, Hyalotekit $(SiO_3)_6B(Pb, Ca, Ba)_4H$, Warwickit $TiO_8B_2 \cdot (Mg, Fe)_3$, Cappelenit $Si_3O_{25}B_6Y_6Ba$; Serendibit $Si_6O_{40}B_2Al_{10}(Fe, Ca, Mg)_{10}$, Dumortierit $Si_4O_{20}BAl_8H$, Searlesit $(SiO_3)_2BNa \cdot H_2O$.

IX. **mit Lithium: Lepidolith** $Si_3O_9Al_2(Li, K)_2(F, OH)_2$; v. d. L. sehr leicht unter Rotfärbung der Flamme zu weißem Email schmelzbar. Von Säuren kaum angegriffen, nach dem Schmelzen aber vollkommen zersetzt.

Spodumen $Si_2O_6Al(Li, Na)$; v. d. L. unter Aufblähen ziemlich leicht zu farblosem Glase schmelzend; rote Flammenfärbung, besonders mit $KHSO_4$ und CaF_2 am Platindraht. Pulver vor und nach dem Glühen stark alkalisch reagierend. Durch Säuren unangreifbar.

ferner: Zinnwaldit $Si_5O_{16}Al_3Fe(Li, K)_3(F, OH)_2$, Tainiolith $Si_3O_8 \cdot (MgOH)_2(K, Li, Na)_2 \cdot H_2O$, Kryophyllit $Si_{10}O_{30}Al_4Fe(Li, K)_7F_4H_3$, Cookeit $(SiO_3)_2(Al2OH)_3Li$, Eukryptit SiO_4AlLi, Petalit $(Si_2O_5)_2AlLi$, **Lithionturmalin** (B X 2 VIII), Polylithionit $Si_{18}O_{64}Al_6F_{10}Li_{15}Na_6K_3$.

X. **mit Mangan: Rhodonit** $Si_2O_6(Mn, Ca)_2$; v. d. L. unter Schwarzwerden und etwas Anschwellen ziemlich leicht zu braunem, manchmal magnetischem Glase schmelzbar; mit Borax Mn-Reaktion; mit Phosphorsalz Kieselskelett. Von Säuren unter Entfärbung angegriffen.

Spessartin $(SiO_4)_3(Al, Fe)_2(Mn, Fe)_3$; v. d. L. ziemlich leicht zu schwarzer, meist magnetischer Kugel schmelzbar; mit Glasflüssen in der O. Fl. Mn-Reaktion. Von Säuren kaum angegriffen; nach dem Schmelzen mit HCl gelatinierend.

ferner: Piemontit = Thulit $(SiO_4)_3(Mn, Al)_2(AlOH)Ca_2$, Karpholith $Si_2O_6 \cdot Mn(Al2OH)_2$, Tephroit SiO_4Mn_2, Knebelit $SiO_4(Mn, Fe)_2$, Trimerit SiO_4MnBe, Glaukochroit SiO_4CaMn, **Babingtonit** $Si_2O_6(Ca, Fe, Mn)_2$, Richterit $(SiO_3)_2(Mg, Ca, Mn, K_2, Na_2)_2$, Aenigmatit $(SiO_3)_2(Fe, Mn, Mg, Ca)_2$, Manganpektolith $Si_2O_6(Ca, Mn, Na_2)_2$, Låvenit $Si_2O_6(Mn, Ca)(ZrO \cdot F)Na$, Urbanit $(SiO_3)_4FeNa(Ca, Mg, Mn)_2$, Schefferit $Si_2O_6(Mg, Fe)(Ca, Mn)$, Manganhedenbergit $(SiO_3)_2(Fe, Ca)(Mn, Mg)$, Hortonolith $SiO_4(Fe, Mg, Mn)_2$, Ardennit $Si_{10}V_2O_{55}Al_{10}Mn_{10}H_{10}$, Helvin $(SiO_4)_3(Mn, Be, Fe)_7S$, Friedelit $(SiO_4)_4Mn_4(MnCl)H_7$, Harstigit $(SiO_4)_{10}Al_3(Ca, Mn)_7H_{12}$, Pyrosmalith $(SiO_4)_4(Fe, Mn)_4[(Fe, Mn)Cl]H_7$, Karyopilit $Si_3O_{18}(Mn, Mg)_4H_6$, Ekmanit $Si_3O_{13} \cdot (Fe, Mn, Mg)_4H_6$, Greenovit $SiTiO_5(Ca, Mn)$; außerdem Röpperit, Fowlerit, Jeffersonit, Troostit, Danalith siehe B 2 IV; sowie mancher Lievrit, Andalusit, Vesuvian, Turmalin, Staurolith, Granat, Glimmer, Chlorit, Pyroxen, Amphibol und andere, besonders eisenhaltige Silikate.

XI. **mit Eisen:** a) mit Fe: **Fayalit** SiO_4Fe_2; Grünerit SiO_3Fe; **Nontronit** $Si_2O_9Fe_2H_4$; Viridin $Si_2O_{11}(Al, Fe)Fe_3H_6$.

b) mit Fe–Ti: **Ilmenit, Pseudobrookit** (Perowskit), siehe X 3.

c) mit Fe–Ca: **Lievrit** $(SiO_4)_2(FeOH)Fe_2Ca$; v. d. L. leicht und ruhig zu schwarzer, magnetischer Kugel schmelzend. Mit HCl gelatinierend.

ferner: Hedenbergit Si_2O_6FeCa; Topazolith $(SiO_4)_3Fe_2Ca_3$; [Perowskit, Titanit siehe X 3].

d) mit Fe–Mg: **Enstatit** $Si_2O_6(Mg, Fe)_2$, **Bronzit** $Si_2O_6(Mg, Fe)_2$, **Hypersthen** $Si_2O_6(Mg, Fe)_2$; eisenarme Mischungen v. d. L. nicht schmelzbar und unlöslich in HCl; eisenreiche zu grünlichschwarzem, schwach magnetischem Glase schmelzend und von HCl teilweise zersetzt.

Olivin $SiO_4(Mg, Fe)_2$; v. d. L. eisenarm nicht, eisenreich schwer zu magnetischer, schwarzer Kugel schmelzbar; mit Borax Fe- und zuweilen Ti-Reaktion. Mit zunehmendem Eisengehalt von HCl und H_2SO_4 zersetzbar unter Abscheidung gelatinöser SiO_2.

Antigorit $Si_2O_9(Mg, Fe)_3H_4$; **Chrysotil** $Si_2O_9(Mg, Fe)_3H_4$ (Serpentin); v. d. L. nur schwer an den Kanten schmelzend, schwarz werdend und sich dann wieder weiß brennend; im K. Wasser gebend; vor und nach dem Glühen ziemlich stark alkalisch reagierend. Von HCl, leichter von H_2SO_4 unter Abscheidung schleimiger SiO_2 zersetzt.

ferner: Anthophyllit $Si_2O_6(Mg, Fe)_2$; Bastit $Si_2O_6(Mg, Fe)_2 \cdot n\,H_2O$; **Talk** $Si_4O_{12}(Mg, Fe)_3H_2$.

e) mit Fe–Na: **Aegirin** Si_2O_6FeNa, **Riebeckit** $(SiO_3)_2FeNa$; v. d. L. ziemlich leicht unter Gelbfärbung der Flamme zu schwarzer, magnetischer Kugel schmelzbar. Von HCl vor und nach dem Glühen nur wenig angegriffen. Ähnlich Arfvedsonit!

f) mit Fe–Mg–Ca: **Diopsid** $Si_2O_6(Mg, Fe)Ca$; v. d. L. ziemlich schwer zu einem weißlichen bis graugrünen Glase schmelzbar; mit zunehmendem Eisengehalt leichter. Von HCl nur schwer angreifbar. Pulver stark alkalisch reagierend. Ähnlich Malakolith, Kokkolith (eisenreich!)

Aktinolith $(SiO_3)_4(Mg, Fe)_3Ca$; v. d. L. ziemlich schwer, aber ruhig, zu einem grauen bis schwärzlichen Glase schmelzend; von Säuren schwer angreifbar. Ähnlich Nephrit, Amianth.

g) mit Fe–Al: **Staurolith** $Si_2O_{13}Al_3FeH$; v. d. L. unschmelzbar oder nur leicht an der Oberfläche sinternd. Von H_2SO_4 unvollst. zersetzt.

h) mit Fe–Al–Ca: **Epidot** $(SiO_4)_3(Al, Fe)_2(Al\,OH)Ca_2$; v. d. L. unter Aufblähen zu einer braunen, meist magnetischen Schlacke schmelzend, je eisenreicher, desto leichter. Durch Säuren wenig angreifbar; nach dem Glühen von HCl unter Gallertbildung zersetzt.

Prehnit $(SiO_4)_3(Al, Fe)_2Ca_2H_2$; v. d. L. unter Aufblättern und Aufblähen leicht zu weißem oder gelblichem, emailartigem, blasigem Glase schmelzbar; im K. bei hoher Temperatur Wasserabgabe. Als Pulver stark alkalisch reagierend. Durch HCl schwer, nach dem Schmelzen leichter zersetzbar unter Gallertbildung.

ferner: **Hessonit** $(SiO_4)_3(Al, Fe)_2Ce_3$, **Aplom** $(SiO_4)_3(Fe, Al)_2Ca_3$.

i) mit Fe-Al-Mg: **Cordierit** $(Si_2O_7)_5Al_8(Mg, Fe)_4(OH)_2$; v. d. L. sehr schwer schmelzbar. Von Säuren wenig angegriffen. Vollkommen zersetzbar durch Schmelzen mit Alkalikarbonat.

Chloritoid $SiO_7Al_2(Fe, Mg)H_2$; v. d. L., unter schwachem Aufblättern an den Kanten, sehr schwer zu schwarzer, magnetischer Masse schmelzbar; im K. Wasser gebend. Feines Pulver durch H_2SO_4 vollkommen zersetzt.

ferner: **Klinochlor** $Si_3O_{18}Al_2(Mg, Fe)_5H_8$, **Prochlorit** $Si_7O_{45}Al_6\cdot(Mg, Fe)_{12}H_{20}$, Korundophilit $Si_6O_{45}Al_8(Mg, Fe)_{11}H_{20}$; Amesit $SiO_9Al_2\cdot(Mg, Fe)_2H_4$; ähnlich Chamosit, Delessit, Thuringit, Diabantit, Cronstedtit, Stilpnomelan, Aphrosiderit, Grängesit. Almandin, Pyrop siehe k.

k) mit Fe-Al-Mg-Ca: **Almandin** $(SiO_4)_3(Al, Fe)_2(Fe, Mg, Ca)_3$; v. d. L. ziemlich leicht zu stahlgrauer oder eisenschwarzer, magnetischer Kugel schmelzbar. Von HCl wenig angegriffen. Nach dem Glühen in HCl löslich.

Pyrop $(SiO_4)_3(Al, Fe)_2(Mg, Fe, Ca)_3$; v. d. L. fast unschmelzbar oder schwierig zu schwarzem, nicht magnetischem Glase schmelzend. Von Säuren kaum angegriffen, nach dem Glühen gelöst.

Vesuvian $(SiO_4)_5(Al, Fe)_2(Al[OH, F])(Ca, Mg, Fe)_6$; v. d. L. unter Aufschäumen und Anschwellen zu gelblichbraunem oder grünlichem Glase schmelzend: durch Säuren schwer angreifbar; nach dem Schmelzen von HCl unter Gallertbildung zersetzt.

Augit $(Ca, Mg, Fe)_2Si_2O_6\cdot Mg(Al, Fe)_2SiO_6$; v. d. L. ruhig zu schwarzem Glase schmelzend; von Säuren kaum angegriffen. Ähnlich Fassait, Diallag, Omphacit.

Hornblende $(Ca, Mg, Fe)_2Si_2O_6\cdot Mg(Al, Fe)_2SiO_6$; v. d. L. ruhig oder unter geringem Blasenwerfen zu schwarzem Glase schmelzend. Von Säuren schwer angreifbar. Ähnlich Pargasit, Smaragdit, Uralit.

ferner: Melilith $Si_4O_{17}Al_2(Ca, Mg, Fe)_6$, Gehlenit $Si_2O_{10}Al_2(Ca\cdot Mg, Fe)_3$.

l) mit Fe-Al-Mg-K: **Biotit** $(SiO_4)_3(Al, Fe)_2(Mg, Fe)_2(K, H)_2$; **Phlogopit** $(SiO_4)_3(Al, Fe)(Mg, Fe)_3K, H)_3$; die helleren v. d. L. zu gelblichem, die dunklen leichter zu schwarzem Glase schmelzbar. Von HCl wenig angegriffen, durch H_2SO_4 zersetzbar. Pulver stark alkalisch reagierend. Ähnlich Anomit, Lepidomelan, Rubellan, Voigtit; Seladonit, Glaukonit.

m) mit Fe-Be-Y: **Gadolinit** $[SiO_4Be(YO)]_2Fe$; v. d. L. sich mehr oder weniger aufblähend, ohne zu schmelzen; beim Erhitzen oft phosphoreszierend unter eigentümlichen Aufleuchten und Verglimmen. Mit HCl gelatinierend.

n) mit Fe-B: Turmalin, Axinit, Homilit siehe B X 2 X.

XII. mit **Aluminium**: a) **Andalusit** $SiO_4Al(AlO)$, **Sillimanit** $SiO_4Al(AlO)$, **Disthen** $SiO_8(AlO)_2$; v. d. L. unschmelzbar; mit Kobaltlösung geglüht Blaufärbung; in Phosphorsalz löslich mit Kieselskelett. Von Säuren nicht zersetzt. Aufschließen mit Alkalischmelzen.

Topas $SiO_4Al_2(F, OH)_2$; v. d. L. unschmelzbar; mit Phosphorsalz Kieselskelett; im off. R. mit Phosphorglas HF-Entwicklung, schwerer mit H_2SO_4. Mit Kobaltlösung blaue Masse. Von Säuren kaum angegriffen.

Kaolinit $Si_2O_9Al_2H_4$; v. d. L. unschmelzbar; im K. Wasser gebend; brennt sich hart; mit Kobaltlösung Blaufärbung. Von HCl schwer angegriffen, von H_2SO_4 zersetzt unter SiO_2-Abscheidung; auch von Alkalikarbonat zerlegt.

Pyrophyllit $Si_4O_{12}Al_2H_2$; v. d. L. unter Weißwerden sehr schwer an den Kanten zu weißem Email schmelzbar; z. T. unter fächerförmigem Aufblättern oder Anschwellen. Im K. Wasser gebend unter Annahme von Silberglanz. Mit Kobaltlösung blaue Masse. Von H_2SO_4 zersetzt, leichter durch Sodaschmelze. Ähnlich Steinmark, Kollyrit, Halloysit, Montmorillonit, Cimolith; Agalmatolith z. T.

ferner: Kryptotil SiO_4AlH, Zunyit $(SiO_4)_3Al_8(OH, F, Cl)_{12}$.

b) mit Al–Be: **Beryll** $(SiO_3)_6Al_2Be_3$; v. d. L. trübe bis milchig werdend, schwer an den Kanten schmelzend zu blasiger Schlacke. Mit Glasflüssen klare Gläser, ev. Cr-Reaktion. Von Säuren nicht angegriffen.

ferner: Euklas $SiO_4Be(AlOH)$.

c) mit Al–Mg: **Pennin** $Si_3O_{18}Al_2Mg_5H_8$; **Klinochlor** $Si_7O_{45}Al_6 \cdot Mg_{12}H_{20}$, **Prochlorit** $Si_{13}O_{90}Al_{14}Mg_{23}H_{40}$, (XI i), Sapphirin $Si_2O_{27}Al_{12} \cdot Mg_5$, Kornerupin $(SiO_4)_2(AlO)_4Mg_2$, Prismatin $(SiO_4)_2(AlO)_4Mg_2$.

d) mit Al–Ca: **Zoisit** = Klinozoisit $(SiO_4)_3Al_2(AlOH)Ca_2$; v. d. L. unter Anschwellen und Blasenwerfen zu durchscheinendem Glase schmelzbar; im K. etwas Wasser gebend. Von Säuren wenig angegriffen, nach dem Glühen von HCl unter Gallertbildung zersetzt.

Grossular $(SiO_4)_3Al_2Ca_3$; v. d. L. leicht und ruhig zur Kugel schmelzend; von konz. HCl, besonders nach dem Schmelzen, zersetzt.

Margarit $Si_2O_{12}Al_4CaH_2$; v. d. L. unter Anschwellen sehr schwer schmelzbar; im K. Wasser gebend. Von Säuren angreifbar.

Anorthit Si_2AlO_8AlCa; v. d. L. zu farblosem Glase schmelzend. Von HCl unter Abscheidung von SiO_2 zersetzt. Pulver kräftig alkalisch reagierend.

ferner: **Prehnit** $(SiO_4)_3Al_2Ca_2H_2$ (XI h), Plazolith $(SiO_4)_2(Al\,2\,OH)_2 \cdot Ca_3$, Lawsonit $(SiO_3)_2Ca(Al\,2\,OH)_2$, Mejonit $(Si_2AlO_8)_3Al_2(AlO)Ca_4$.

e) mit Al–Mg–Ca: Xanthophyllit $Si_5O_{52}Al_{16}(Mg, Ca)_{14}H_8$, Brandisit $Si_5O_{44}Al_{12}(Mg, Ca)_{12}H_8$, Clintonit $Si_4O_{38}Al_{10}(Mg, Ca)_{10}H_6$.

f) mit Al–Ca–Na: **Oligoklas** $Si_5O_{16}Al_3CaNa$, **Andesin**, ebenso, **Labradorit**, ebenso; v. d. L. unter Gelbfärbung der Flamme zu klarem, weißem oder blasigem Glase schmelzbar. Von Säuren schwer zersetzt.

Skapolith $(Si_3O_8)_3Al_2(AlCl)(Na_2, Ca)_2$; v. d. L. unter Anschwellen zu weißem Glase schmelzend. Mit zunehmendem Ca-Gehalt durch Säuren vollkommen oder fast ganz zersetzbar. Cl-Reaktion mit Silbernitrat. Ähnlich Dipyr, Mizzonit, Couseranit, Sarkolith $(SiO_4)_3Al_2(Ca, Na_2)_3$.

ferner: Hauyn $(SiO_4)_3Al_2(AlSO_4Na)CaNa_2$, Lasurit (B IV).

g) mit Al–Ca–K: Milarit $(Si_2O_5)_6Al_2Ca_2KH$.

h) mit Al–K: **Orthoklas** Si_3O_8AlK (Adular, Sanidin, Mikroklin); v. d. L. schwer zu blasigem Glase schmelzbar, mit zunehmendem Na-Gehalt leichter. Violette Flammenfärbung. Von Säuren kaum angreifbar.

Leucit $(SiO_3)_2Al(K, Na)$; v. d. L. unschmelzbar; Pulver stark alkalisch reagierend. Von HCl mit Abscheidung pulvriger SiO_2 zersetzt.

Muscovit $(SiO_4)_3Al_3KH_2$; v. d. L. ziemlich schwer zu grauem oder gelblichem Glase schmelzbar; im K. Wasser gebend, welches oft F=Reaktion zeigt. Von Säuren kaum angegriffen. Ähnlich Sericit, Damourit, Phengit, Pinit u. a. m.

ferner: Phacelit SiO_4AlK.

i) mit Al–Cs: Pollucit $(SiO_3)_9AlCs_4H_2$.

k) mit Al–Na: **Albit** Si_3O_8AlNa; v. d. L. zu farblosem oder weißem Glase schmelzend, die Flamme intensiv gelb färbend. Durch Säuren kaum angreifbar.

Nephelin SiO_4AlNa; v. d. L. zu farblosem, blasigem Glase schmelzend; von HCl unter Gallertbildung zersetzt. Mit konz. HCl kleine NaCl=Würfel.

Sodalith $(SiO_4)_3Al_2(AlCl)Na_4$; v. d. L. unter Anschwellen z. leicht zu farblosem, blasigem Glase schmelzend. Kochendes Wasser zieht NaCl aus. In mäßig starken Säuren vollk. löslich, beim Erwärmen Gallertbildung.

ferner: **Paragonit** $(SiO_4)_3Al_3NaH_2$, Marialith $(Si_3O_8)_3Al_2(AlCl)Na_4$, **Nosean** $(SiO_4)_3Al_2(AlSO_4Na)Na_4$; **Jadeit** Si_2O_6AlNa; ähnlich Glaukophan.

XIII. **mit seltenen Erden: Orthit** $(SiO_4)_3(Al, Ce, Fe)_2\cdot(AlOH)Ca_2$; v. d. L. ziemlich leicht unter Aufschäumen und Aufblähen zu bräunlichem bis schwarzem Glase (oft magnetisch) schmelzbar. Manchmal beim Erhitzen aufleuchtend und verglimmend. Meist von HCl unter Gallertbildung zersetzbar.

ferner: Gadolinit $[SiO_4Be(YO)]_2Fe$, Cerit $(SiO_3)_3Ce(OH)_3(CeO)\cdot(Ca, Fe)$, Yttrotitanit $SiO_5(Y, Al, Fe)_2\cdot SiTiO_5Ca$, Thortveitit $Si_2O_7(Sc, Y)_2$, Thalenit $Si_2O_7Y_2$. Ähnlich Melanocerit, Karyocerit.

XIV. **mit Beryllium: Phenakit** SiO_4Be_2; v. d. L. unschmelzbar; mit Kobaltlösung geglüht bläulichgrau werdend; mit Borax klares Glas, mit Phosphorsalz Kieselskelett. Von Säuren nicht angegriffen.

ferner: **Bertrandit** $Si_2O_7Be_2(BeOH)_2$; Euklas $SiO_4Be(AlOH)$, Melinophan $Si_3O_{10}FBe_2Ca_2Na$, Leukophan $Si_2O_6FBeCaNa$, Beryll $(SiO_3)_6\cdot Al_2Be_3$, Epididymit = Eudidymit Si_3O_8BeNaH, Trimerit SiO_4MnBe.

XV. **mit Barium:** Celsian $Si_2O_8Al_2Ba$, Benitoit Si_3TiO_9Ba, Ba=Orthoklas, Barytglimmer, Barytbiotit, Ba=Muscovit (Oellacherit), Barylith $Si_7O_{24}Al_4Ba_4$, Taramellit $(SiO_3)_{10}Fe_3(FeO)FeBa_4$.

XVI. **mit Magnesium:** a) **Chondrodit** $(SiO_4)_2Mg_3[Mg(F, OH)]_2$; v. d. L. weiß werdend ohne zu schmelzen; mit Phosphorglas im K. HF entwickelnd. Mit Säuren gelatinierend.

Talk $Si_4O_{12}Mg_3H_2$ = Steatit, Sepiolith; v. d. L. sich aufblätternd, erhärtend und stark leuchtend; fast unschmelzbar, nur an den Kanten schwer zu weißem Email. Mit Phosphorsalz unter Aufbrausen Kieselskelett. Im K. bei starkem Erhitzen Wasser gebend. Von Säuren nicht zersetzbar. Pulver stark alkalisch reagierend.

ferner: Prolektit $SiO_4Mg[Mg(F,OH)]_2$, Humit $(SiO_4)_3Mg_5[Mg(OH,F)]_2$, Klinohumit $(SiO_4)_4Mg_7[Mg(OH, F)]_2$; Forsterit SiO_4Mg_2.

b) mit Mg–Ca: **Tremolit** $(SiO_3)_4Mg_3Ca$; v. d. L. unter Anschwellen zu einem weißlichen Glase schmelzend. Von Säuren wenig angreifbar.

ferner: **Diopsid** Si_2O_6MgCa, Monticellit SiO_4MgCa.

XVII. **mit Calcium:** a) **Wollastonit** $Si_2O_6Ca_2$; v. d. L. an den Ecken leicht zu farblosem, durchscheinendem Glase schmelzbar. Pulver vor und nach dem Glühen stark alkalisch. In HCl unter Gallertbildung löslich. Von konz. NaOH stark angegriffen.

ferner: Hillebrandit $SiO_3(CaOH)_2$, Custerit $SiO_3 \cdot [Ca(OH, F)]_2$.

b) mit Ca–Na: **Pektolith** $Si_2O_6(Ca, Na_2)_2$; v. d. L. leicht zu weißem Email schmelzbar, die Flamme gelb färbend. Von HCl zersetzt.

3. Titanate:

A. **Oxyde:** Rutil, Anatas, Brookit TiO_2 siehe B IX.

B. **Titanate:** a) mit Eisen: Ilmenit $FeTiO_3$, Pseudobrookit $(TiO_4)_3 \cdot Fe_4$, Arizonit $Fe_2Ti_3O_9$, Pikroilmenit $TiO_3(Mg, Fe)$.

b) mit Mangan: Pyrophanit $MnTiO_3$, Senait $(Fe, Mn, Pb)TiO_3$.

c) mit Magnesium: Geikielith $MgTiO_3$.

d) mit Calcium: **Perowskit** $CaTiO_3$; v. d. L. unschmelzbar; mit Phosphorsalz in der O. Fl. leicht zu grünlicher, kalt farbloser, in der Red. Fl. zu graulichgrüner, kalt violblauer Perle löslich. Von kochender H_2SO_4 zersetzt. Mit Soda aufschließbar.

e) mit Antimon: Derbylith $Ti_5O_{21}Sb_2Fe_6$, Lewisit $Ti_2O_{24}Sb_6 \cdot (Ca, Fe)_5$.

C. **Silicotitanate:** Narsarsukit $Si_{12}Ti_2O_{32}FFeNa_6$, Neptunit $Si_4Ti \cdot O_{12}(Fe, Mn)(Na, K)_2$, Rinkit $Si_{12}O_{48}[(Ti, Zr)F_2]_3(CeOH)_2CeCa_{10}Na_7H_8$, Astrophyllit $(Si, Ti)_5O_{16}(Fe, Mn)_4(K, Na, H)_4$, Keilhauit $Si_2TiO_{10}(Y, Al, Fe)_2 \cdot Ca$, Tschewkinit $(Ca, Fe)_2(Di, Ce, La, Fe)_2(Si, Ti)_5O_{15}$, Benitoit $(SiO_3)_3 \cdot BaTi$, Leukosphenit $Si_{10}Ti_2O_{27}BaNa_4$.

Titanit $SiTiO_5Ca$; v. d. L. ziemlich schwer unter Schäumen zu dunklem Glase schmelzend. In heißer HCl unvollkommen löslich; die konz. Lösung wird mit Stanniol violett. Durch H_2SO_4 vollständig, am besten mit konz. HF zersetzbar. Pulver vor und nach dem Glühen kräftig alkalisch.

D. **Titanoniobate** und **Silicotitanoniobate:** Dysanalyt $Ti_8Nb_2O_{24} \cdot (Ca, Fe, Na_2)_7$ mit Ce, La, Pr, Nd; ähnlich **Pyrochlor**, Pyrrhit; **Aeschynit** $(Ti, Th)_8Nb_6O_{39}Ce_4(Ca, Fe)_2$, Blomstrandin = Priorit $Ti_8Nb_4O_{48}Y_{11}$; **Euxenit** $(Ti_2O_5)_3(Y, Er, Ce, Fe)_2(NbO_3)_6(Y, Er, Ce)_2$ mit Uran; **Polykras** $Ti_{12}O_{35}Y_4(UO_2)(Ca, Fe)_4 \cdot 2(NbO_3)Y$; ähnlich Loranskit; Epistolit $Si_{10}Ti_2Nb_6O_{53}Na_{14}H_{14}$.

4. Zirkoniate:

I. Baddeleyit ZrO_2.

II. **Zirkon** $ZrSiO_4$, Malakon $ZrSiO_4 \cdot H_2O$, siehe B IX.

III. Lorenzenit $Si_2O_7(Ti, Zr)O_2Na_2$, Rosenbuschit $Si_3Ti_2Zr_2O_{16}F_4Ca_2 \cdot Na_4$, Låvenit $Si_2O_6(Mn, Ca)(ZrO \cdot F)Na$, Wöhlerit $Si_{10}Zr_3Nb_2O_{42}F_3Ca_{10}Na_5$, Hjortdahlit $[(Si, Zr)O_3]_4[Ca(F, OH)]Ca_3Na$, Zirkelit $(Zr, Ti, Th)_2O_5(Ca, Fe)$,

Katapleit $Si_3ZrO_{11}(Na_2, Ca)H_4$, Elpidit $Si_6ZrO_{15}Na_2H_6$, Eudialyt $(Si, Zr)_{20} \cdot O_{52}Cl(Ca, Fe)_5(CaF)Na_{13}$, Eukolit $(Si, Zr)_8O_{21}(Ca, Na_2)_5$; Polymignit $(Ti, Zr)_{10}Nb_2O_{35}(Ce, Y)_4(Ca, Fe)_4$, Mosandrit $(SiO_4)_6(Ti, Zr, Ce)_2(OH, F)_4 \cdot Ca_5NaH_3$, Beckelith $[(Si, Zr)O_4]_3[(Ce, La, Di)O]_4Ca_3$, Johnstrupit $(SiO_4)_{12} \cdot (Ti, Zr)_3F_6(Ce, Y, Al, Fe)F(Ca, Mg)_{13}Na_6H_2$, Uhligit $(Ti, Zr)_3O_{10}Al_2Ca$.

XI. Carbonide:

a) **Whewellit** $CaC_2O_4 \cdot H_2O$; geht bei schwachem Glühen in $CaCO_3$ über, der mit Säuren braust; bei stärkerem Glühen hinterbleibt unschmelzbares Oxyd; im K. Wasser gebend. In Säuren l. l.

Mellit $Al_2C_{12}O_{12} \cdot 18\,H_2O$; v. d. L. verkohlend ohne merklichen Geruch; brennt sich weiß; Rückstand mit Kobaltlösung blaue Masse. In HNO_3 l. l.

Oxalit $FeC_2O_4 \cdot 2\,H_2O$; v. d. L. erst schwarz, dann rot werdend; mit Glasflüssen Fe-Reaktion. In Säuren l. l.

ferner: Oxammit $(NH_4)_2C_2O_4 \cdot 2\,H_2O$, Dopplerit $C_{24}H_{22}O_{12}Ca$, Flagstaffit $C_{12}O_8H_{24}$.

b) **Hartit** $C_{12}H_{20}$; v. d. L. schmelzend (bei 74°) und mit stark rußender Flamme verbrennend. In Äther reichlich löslich.

Fichtelit $C_{18}H_{32}$; v. d. L. schmelzend (bei 46°) und wieder kristallinisch erstarrend bzw. verbrennend. Schwimmt auf Wasser. In Äther l. l.

ferner: Könleinit $C_{10}H_8$, Scheererit $C_{18}H_{18}$.

Ozokerit C_nH_{2n+2}; sehr leicht schmelzend zu klarer öliger Flüssigkeit und mit heller Flamme verbrennend. In Terpentinöl und Benzol l. l.

ähnlich Hatchettin, Elaterit, Pyropissit, u. a. m.

c) **Succinit** $C_{40}H_{64}O_4$; schmilzt bei 287°, brennt mit heller Flamme und angenehmem Geruch. In Alkohol und Äther nur zum Teil löslich.

ähnlich **Rhetinit,** Bituminit; Elaterit, Asphalt.

d) **Anthracit:** verbrennt v. d. L. schwer, ohne zu schmelzen oder zu backen; geringer Rückstand von Asche; im K. etwas Wasser. An einer Kerzenflamme nicht entzündlich.

Steinkohle: entzündet sich an der Kerzenflamme und verbrennt mit brenzligem Geruch; im K. bräunliche und gelbe Teertropfen.

Braunkohle: an der Kerzenflamme leicht entzündlich und weiterbrennend, mit stinkendem Geruch und viel Aschenrückstand; das Pulver färbt kochende KOH tiefbraun.

Anhang: **Mineralklassen** (nach P. Groth).

I. Elemente. II. Sulfide, Selenide, Telluride, Arsenide, Antimonide, Bismutide. III. Oxyde, Hydroxyde. IV. Haloide. V. Nitrate, Jodate, Carbonate, Selenite, Manganite, Plumbate. VI. Sulfate, Chromate, Molybdate, Wolframate, Uranate. VII. Borate, Aluminate, Ferrite, Arsenite, Antimonite. VIII. Phosphate, Arseniate, Antimoniate, Vanadate, Niobate, Tantalate. IX. Silikate, Titanate, Zirkoniate, Thorate, Stannate. X. Organische Verbindungen.

Verzeichnis der Mineralien.

Die Ziffern bedeuten die Seitenzahlen.

FSC
www.fsc.org
MIX
Papier | Fördert gute Waldnutzung
FSC® C083411

Zeitfracht Medien GmbH
Ferdinand-Jühlke-Straße 7
99095 Erfurt, Deutschland
produktsicherheit@kolibri360.de